中学基礎がため100%

できた！中2数学

図形・データの活用

図形・データの活用

本シリーズは，十分な学習量による繰り返し学習を大切にしているので，
中2数学は「計算・関数」と「図形・データの活用」の2冊構成となっています。

1 例などを見て，解き方を理解
新しい解き方が出てくるところには「例」がついています。
1問目は「例」を見ながら，解き方を覚えましょう。

2 1問ごとにステップアップ
問題は1問ごとに少しずつレベルアップしていきます。
わからないときには，「例」や少し前の問題などをよく見て考えましょう。

3 答え合わせをして，考え方を確認
別冊解答には，「答えと考え方」が示してあります。
解けなかったところは「考え方」を読んで，もう一度やってみましょう。

▼ 問題ページ

やさしい問題からスタート。

答えを直接書き込む《書き込み式》

問題は1問ごと，1回ごとに少しずつステップアップ。

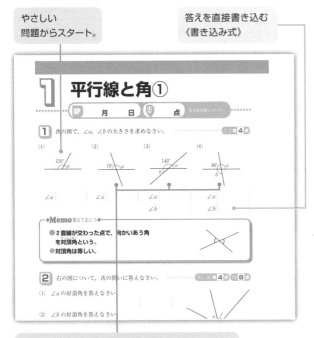

▼ 別冊解答

わからなかったところは別冊解答の「答」と「考え方」を読んで直す。

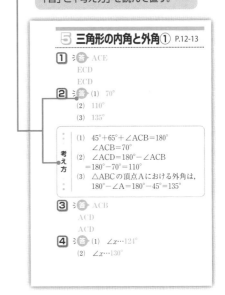

問題の途中に，下記マークが出てきます。
それぞれには，たいせつなことがらが書かれていますから役立てましょう。

Memo ……… は暗記しておくべき公式など

ポイント ……… はここで学習する重要なポイント

ヒント ……… は問題を解くためのヒント

注意 ……… は間違えやすい点

＼ テスト前に，4択問題で最終チェック！ ／

テスト前5科4択 **4択問題アプリ「中学基礎100」**

・くもん出版アプリガイドページへ
≫≫≫ 各ストアからダウンロード

「中2数学」パスワード **8236547**

＊「中学基礎100」アプリは無料ですが，ネット接続の際の通話料金は別途発生いたします。

図形・データの活用 目次

▼ 回数   ページ ▼

1	平行線と角①	4
2	平行線と角②	6
3	平行線と角③	8
4	平行線と角④	10
5	三角形の内角と外角①	12
6	三角形の内角と外角②	14
7	多角形の内角の和	16
8	多角形の外角の和	18
9	平行線と角のまとめ①	20
10	平行線と角のまとめ②	22
11	合同	24
12	三角形の合同条件	26
13	仮定と結論	28
14	三角形の合同の証明①	30
15	三角形の合同の証明②	32
16	合同な図形のまとめ①	34
17	合同な図形のまとめ②	36
18	平行と合同のまとめ	38

19	二等辺三角形①	40
20	二等辺三角形②	42
21	二等辺三角形になるための条件	44
22	定理の逆	46

▼ 回数   ページ ▼

23	正三角形	48
24	直角三角形の合同①	50
25	直角三角形の合同②	52
26	三角形のまとめ①	54
27	三角形のまとめ②	56
28	三角形のまとめ③	58
29	平行四辺形①	60
30	平行四辺形②	62
31	平行四辺形③	64
32	平行四辺形になるための条件①	66
33	平行四辺形になるための条件②	68
34	長方形	70
35	ひし形	72
36	正方形	74
37	長方形, ひし形, 正方形になるための条件	76
38	平行線と面積①	78
39	平行線と面積②	80
40	平行線と面積③	82
41	四角形のまとめ①	84
42	四角形のまとめ②	86
43	四角形のまとめ③	88
44	三角形と四角形のまとめ	90

▼ 回数　　　　　　　　　　　　ページ ▼

45	確率①	92
46	確率②	94
47	確率③	96
48	確率④	98
49	確率⑤	100
50	確率⑥	102
51	確率⑦	104
52	確率⑧	106
53	確率⑨	108
54	確率のまとめ	110

55	四分位範囲と箱ひげ図①	112
56	四分位範囲と箱ひげ図②	114
57	四分位範囲と箱ひげ図③	116
58	四分位範囲と箱ひげ図のまとめ	118

| 別冊解答書 | 答えと考え方 |

『教科書との内容対応表』から，自分の教科書の部分を切りとってここにはりつけ，学習するときのページ合わせに活用してください。

3

1 平行線と角①

1 次の図で，∠a，∠b の大きさを求めなさい。 ………… [ ] 各**4**点

(1)

(2)

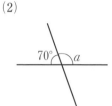

(3)

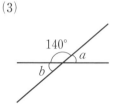

(4)

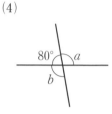

∠a [　　　　　]　　∠a [　　　　　]　　∠a [　　　　　]　　∠a [　　　　　]

∠b [　　　　　]　　∠b [　　　　　]

●**Memo** 覚えておこう●

● **2直線が交わった点で，向かいあう角を対頂角という。**

● **対頂角は等しい。**

2 右の図について，次の問いに答えなさい。 ………… (1)，(2) 各**4**点 (3)**8**点

(1) ∠a の対頂角を答えなさい。

[　　　　　]

(2) ∠b の対頂角を答えなさい。

[　　　　　]

(3) ∠c の大きさを∠a，∠b を使って表すと，

∠c＝180°−(∠a＋∠b) となる。

同様に∠c の大きさを∠b，∠d を使って表しなさい。

[　　　　　]

3 右の図で，次の角の大きさを求めなさい。 ………… 各**5**点

(1) ∠a

[　　　　　]

(2) ∠b

[　　　　　]

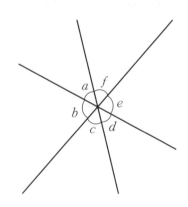

ポイント

右の図のような位置にある角を同位角（どういかく）という。

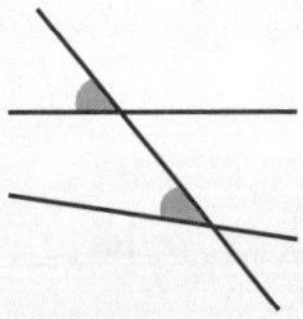

ポイント

右の図のような位置にある角を錯角（さっかく）という。

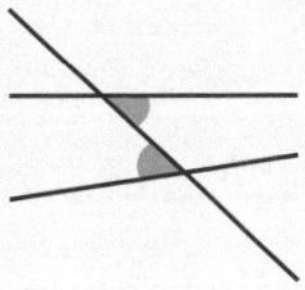

4 右の図で，次の角を答えなさい。　　　　　　　　　各 **5** 点

(1) ∠a の同位角

[　　　　　]

(2) ∠b の同位角

[　　　　　]

(3) ∠h の同位角

[　　　　　]

(4) ∠g の同位角

[　　　　　]

(5) ∠c の錯角

[　　　　　]

(6) ∠b の錯角

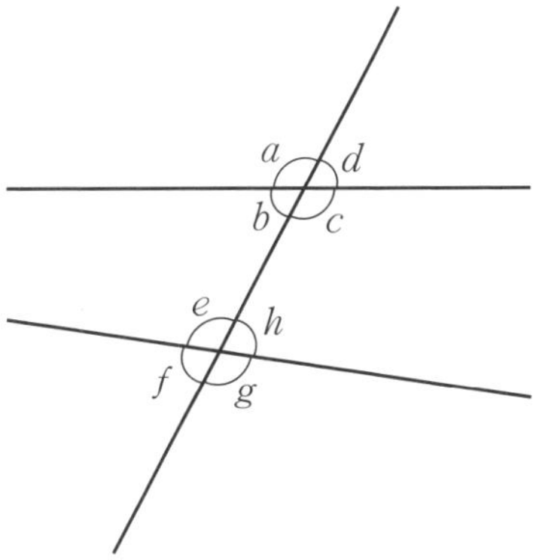

[　　　　　]

5 右の図で，次の角の大きさを求めなさい。　　　　各 **5** 点

(1) ∠c の同位角

[　　　　　]

(2) ∠c の錯角

[　　　　　]

(3) ∠d の同位角

[　　　　　]

(4) ∠b の錯角

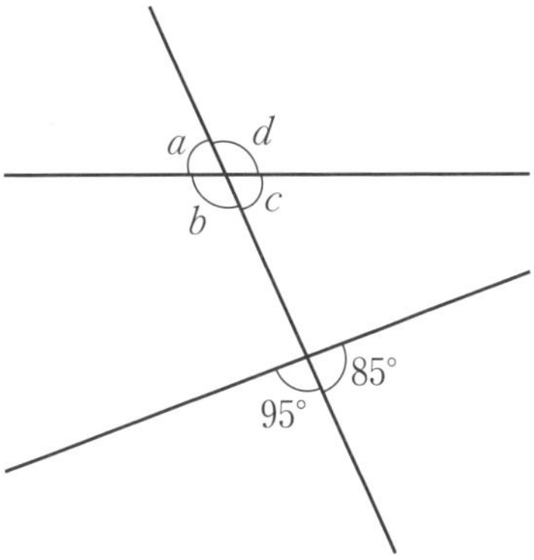

[　　　　　]

2 平行線と角②

答えは別冊2ページ

1 右の図について，次の問いに答えなさい。 ‥‥‥‥‥‥ 各**5**点

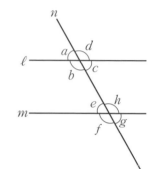

(1) ∠b と ∠f のような位置にある角を何というか答えなさい。

[　　　　　　　　]

(2) ∠b と ∠h のような位置にある角を何というか答えなさい。

[　　　　　　　　]

(3) ∠b と ∠f の大きさが等しいとき，直線 ℓ と直線 m の関係を答えなさい。

[　　　　　　　　]

●Memo 覚えておこう●

2つの直線に1つの直線が交わるとき，

●**2直線が平行ならば，同位角は等しい。**

（**ℓ∥m ならば，∠a＝∠b**）

●**同位角が等しければ，2直線は平行である。**

（**∠a＝∠b ならば，ℓ∥m**）

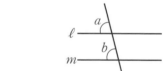

---

(4) ℓ∥m，∠a＝60° であるとき，∠e の大きさを求めなさい。

[　　　　　　　　]

2 右の図について，次の問いに答えなさい。 ‥‥‥‥‥‥ [ ] 各**5**点

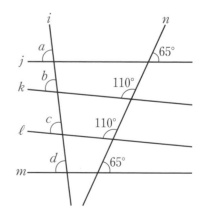

(1) 右の図の直線のうち，平行であるものを2組選び，記号 ∥ を使って表しなさい。

[　　　　　　　　]

[　　　　　　　　]

(2) ∠a，∠b，∠c，∠d のうち，等しい角の組を2組答えなさい。

[　　　　と　　　　]

[　　　　と　　　　]

3 右の図で，$k /\!/ \ell$，$m /\!/ n$ であるとき，次の問いに答えなさい。

(1) ∠a の同位角を 2 つ答えなさい。

[　　 , 　　]

(2) ∠c の同位角を 2 つ答えなさい。

[　　 , 　　]

(3) ∠a＝105° のとき，次の角の大きさを求めなさい。

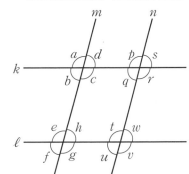

∠d[　　]，∠g[　　]，

∠q[　　]，∠v[　　]

4 下の図で，$\ell /\!/ m$ であるとき，∠x，∠y の大きさを求めなさい。

[ ] 各 **4** 点

(1)

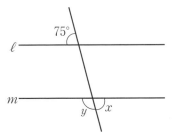

∠x[　　]

∠y[　　]

(2)

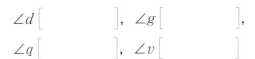

∠x[　　]

∠y[　　]

(3)

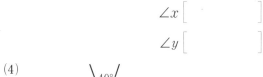

∠x[　　]

∠y[　　]

(4)

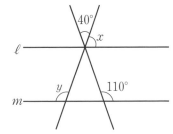

∠x[　　]

∠y[　　]

3 平行線と角③

1 右の図について，次の問いに答えなさい。 ……………… (1), (2) 各**5**点 (3) **6**点

(1) ∠c と∠g のような位置にある角を何というか答えなさい。

[　　　　　　　　]

(2) ∠c と∠e のような位置にある角を何というか答えなさい。

[　　　　　　　　]

(3) ∠c と∠e の大きさが等しいとき，直線 ℓ と直線 m の関係を答えなさい。

[　　　　　　　　]

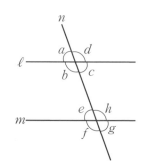

●**Memo** 覚えておこう●

2つの直線に1つの直線が交わるとき，

● **2直線が平行ならば，錯角は等しい。**

　（**ℓ∥m ならば，∠a＝∠b**）

● **錯角が等しければ，2直線は平行である。**

　（**∠a＝∠b ならば，ℓ∥m**）

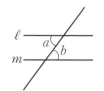

2 下の図で，ℓ∥m であるとき，∠x の大きさを求めなさい。 ……………… 各**6**点

(1)

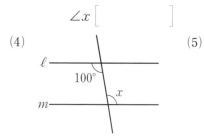

50°

∠x [　　　　　]

(2)

x
130°

∠x [　　　　　]

(3)

80°
x

∠x [　　　　　]

(4)

100°
x

∠x [　　　　　]

(5)

x
60°

∠x [　　　　　]

(6)

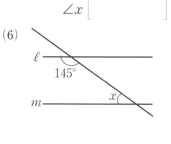

145°
x

∠x [　　　　　]

8

3 下の図で，3つの直線 ℓ，m，n は平行である。このとき，$\angle x$，$\angle y$ の大きさを求めなさい。 ……………………… [ ] 各**6**点

(1)
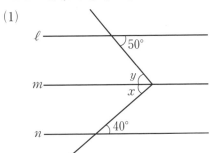

$\angle x$ [　　　　]

$\angle y$ [　　　　]

(2)
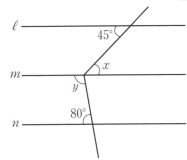

$\angle x$ [　　　　]

$\angle y$ [　　　　]

(3)
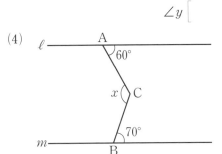

$\angle x$ [　　　　]

(4)
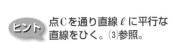

$\angle x$ [　　　　]

 点Cを通り直線 ℓ に平行な直線をひく。(3)参照。

(5)
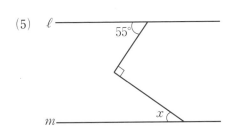

$\angle x$ [　　　　]

(6)
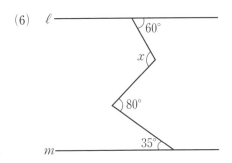

$\angle x$ [　　　　]

 平行線をひく。

4 平行線と角④

 月　日 点　答えは別冊3ページ

1 次の図で，ℓ と m が平行であるかどうかを調べ，平行であれば○を，平行でなければ×を，〔　〕の中に書きなさい。・・・・・・・・・・・・・・・・・・・・・・ 各**4**点

(1)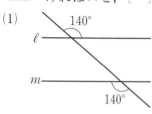

(2)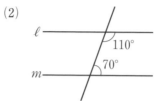

(3)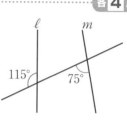

〔　　　　　〕　　　　〔　　　　　〕　　　　〔　　　　　〕

ヒント 錯角または同位角が等しければ，2直線は平行である。

2 次の図で，$a /\!/ b$，$\ell /\!/ m$ であるとき，$\angle x$，$\angle y$ の大きさを求めなさい。
・・・・・・・・・・・・・・・・・・・・・・・・・・ 〔 〕各**4**点

(1)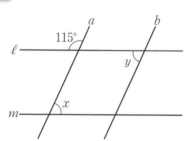

(2)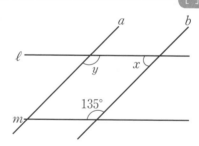

$\angle x$ 〔　　　　　〕　　　　$\angle x$ 〔　　　　　〕

$\angle y$ 〔　　　　　〕　　　　$\angle y$ 〔　　　　　〕

(3)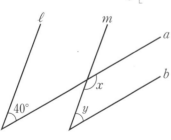

(4)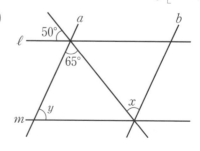

$\angle x$ 〔　　　　　〕　　　　$\angle x$ 〔　　　　　〕

$\angle y$ 〔　　　　　〕　　　　$\angle y$ 〔　　　　　〕

3 右の図で，$\ell /\!/ m$ であるとき，次の問いに答えなさい。

(1)，(2) 各**5**点 (3)**6**点

(1) ∠a と∠c の関係を式で表しなさい。

[   ]

(2) ∠a と∠b の関係を式で表しなさい。

[   ]

(3) ∠a＝55° のとき，∠b の大きさを求めなさい。

[   ]

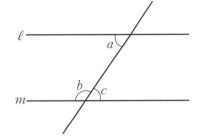

ポイント

●右の図で，$\ell /\!/ m$ ならば，

∠a＋∠b＝180°

4 次の図で，$\ell /\!/ m$ であるとき，∠x，∠y の大きさを求めなさい。

[ ] 各**5**点

(1)

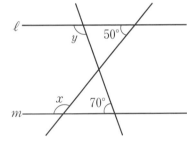

∠x [   ]

∠y [   ]

(2)

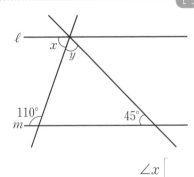

∠x [   ]

∠y [   ]

(3)

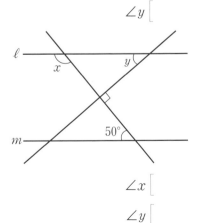

∠x [   ]

∠y [   ]

(4)

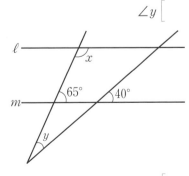

∠x [   ]

∠y [   ]

三角形の内角と外角①

1 三角形の3つの内角の和が180°であることを，次のように説明した。 □ の中をうめなさい。 ························· 各**8**点

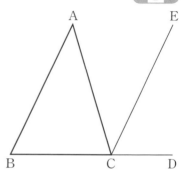

●**Memo** 覚えておこう●

右の図で，△ABCの3つの角∠A，∠B，∠Cを，内角という。

右の図のように，△ABCの辺BCを延長してCDとする。また，△ABCで，点Cを通り辺ABに平行な直線をCEとする。

BA∥CE で，平行線の錯角(さっかく)は等しいから

　∠A＝∠ □

BA∥CE で，平行線の同位角は等しいから

　∠B＝∠ □

したがって

　∠A＋∠B＋∠ACB＝∠ACE＋∠ □ ＋∠ACB＝∠BCD

3点B，C，Dは一直線上にあるから，∠BCD＝180°である。

よって，三角形の3つの内角の和は180°である。

2 右の図の△ABCで，次の角の大きさを求めなさい。 ························· 各**8**点

(1)　∠ACB

［　　　　　　　　　］

(2)　∠ACD

［　　　　　　　　　］

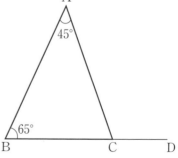

●**Memo** 覚えておこう●

右の図で，∠ACDを，△ABCの頂点Cにおける外角という。

(3)　△ABCの頂点Aにおける外角　　　　　　　［　　　　　　　　　］

3 右の図の△ABCで，∠ACD＝∠A＋∠B であることを，次のように説明した。
□ の中をうめなさい。 …………………………………………

三角形の内角の和は180°だから

$\angle A + \angle B + \angle \boxed{} = 180°$ ……①

3点B，C，Dは一直線上にあるから

$\angle \boxed{} + \angle ACB = 180°$ ……②

①，②より

$\angle \boxed{} = \angle A + \angle B$

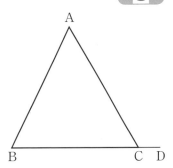

> **ポイント**
>
> 三角形の1つの外角は，それととなりあわない
> 2つの内角の和に等しい。

4 下の図で，∠x の大きさを求めなさい。 …………………………………

(1)

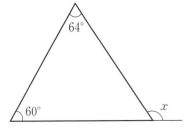

∠x [   ]

(2)

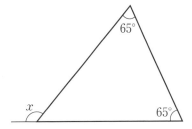

∠x [   ]

(3)

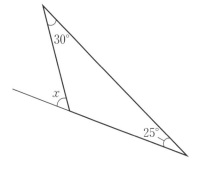

∠x [   ]

(4)

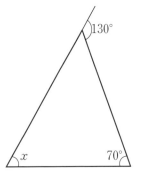

∠x [   ]

三角形の内角と外角②

1 下の図は，AB＝ACの二等辺三角形である。∠xの大きさを求めなさい。

各**6**点

(1)

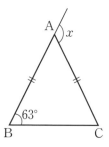

(2)

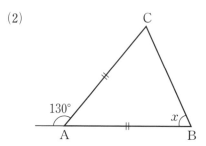

∠x [   ]

∠x [   ]

2 右の図で，∠A＋∠B＝∠C＋∠Dであることを，次のように説明した。□ の中をうめなさい。

各**6**点

三角形の1つの外角は，それととなりあわない2つ
の内角の和に等しいから，△AOBにおいて

∠AOC＝∠A＋∠ □ ……①

同様にして，△CODにおいて

∠AOC＝∠C＋∠ □ ……②

①，②より，∠A＋∠B＝∠ □ ＋∠ □

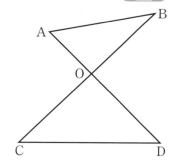

3 **2**の結果を利用して，下の図で，∠xの大きさを求めなさい。 各**7**点

(1)

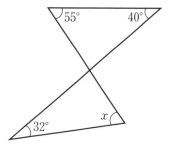

(2)

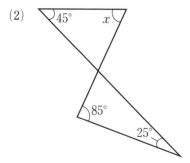

∠x [   ]

∠x [   ]

4 下の図で，∠x，∠y の大きさを求めなさい。 ················· [ ] 各**6**点

(1)

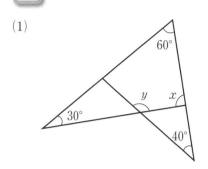

(2)

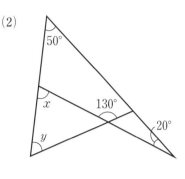

∠x [   ]   ∠x [   ]

∠y [   ]   ∠y [   ]

5 右の図で，∠x の大きさを求めたい。次の問いに答えなさい。 ·········· 各**6**点

(1) 右の図で，線分BDを延長し，線分ACとの交点を
　 E とするとき，∠DECの大きさを求めなさい。

　ヒント ∠BDCは△CDEの外角。

[   ]

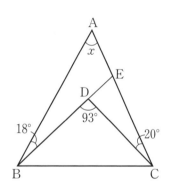

(2) (1)の結果を使って，∠x の大きさを求めなさい。

　ヒント ∠DECは△ABEの外角。

[   ]

6 下の図で，∠x の大きさを求めなさい。（**5**のように適当な補助線をひいて考
えなさい。） ················· 各**7**点

(1)

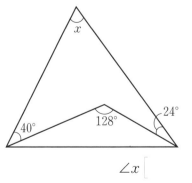

(2)

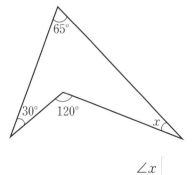

∠x [   ]   ∠x [   ]

7 多角形の内角の和

1 下の図を参考にして，次の(1)〜(4)の□の中をうめなさい。また，(5)，(6)の問いに答えなさい。　　(1)〜(4)□ 各**4**点　(5)，(6)各**7**点

四角形　　　　　　　　五角形　　　　　　　　六角形

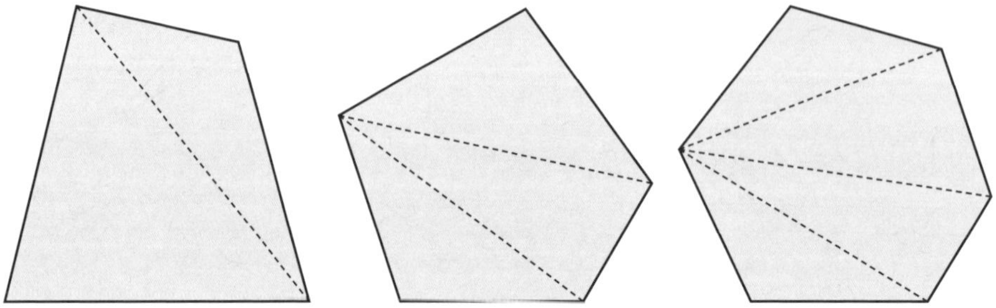

(1) 四角形は，1つの頂点からひいた対角線によって，□個の三角形に分けられる。

三角形の内角の和は180°だから，四角形の内角の和は 180°×□ である。

(2) 五角形は，1つの頂点からひいた対角線によって，□個の三角形に分けられる。

したがって，五角形の内角の和は，180°×□ である。

(3) 六角形は，1つの頂点からひいた対角線によって，□個の三角形に分けられる。

したがって，六角形の内角の和は，180°×□ である。

(4) n角形は，1つの頂点からひいた対角線によって，$\left(n-\boxed{}\right)$個の三角形に分けられる。したがって，n角形の内角の和は，$180°×\left(\boxed{}\right)$ である。

●**Memo** 覚えておこう●

n **角形の内角の和は，$180°×(n-2)$ である。**

(5) 九角形の内角の和を求めなさい。

[　　　　　　]

(6) 十二角形の内角の和を求めなさい。

[　　　　　　]

2 次の問いに答えなさい。

(1) 八角形の内角の和を求めなさい。

[   ]

(2) 正八角形の1つの内角の大きさを求めなさい。

> **ヒント** 正八角形の8つの内角の大きさはすべて等しい。

[   ]

(3) 正十二角形の1つの内角の大きさを求めなさい。

[   ]

(4) 内角の和が900°になるのは何角形か求めなさい。

> **ヒント** 方程式 $180° \times (n-2) = 900°$ を解く。

[   ]

(5) 内角の和が720°になるのは何角形か求めなさい。

[   ]

3 下の図で，$\angle x$ の大きさを求めなさい。

(1)

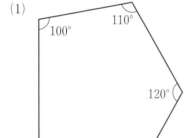

> **ヒント** 五角形の内角の和は何度かを考えよう。

$\angle x$ [   ]

(2)

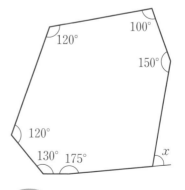

> **ヒント** 七角形の内角の和は何度かを考えよう。

$\angle x$ [   ]

多角形の外角の和

1 五角形の外角の和の求め方について，次の 　 の中をうめなさい。 …各**6**点

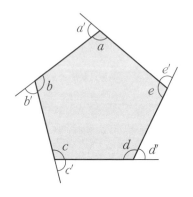

右の図で，五角形の外角の和は，
$\angle a' + \angle b' + \angle c' + \angle d' + \angle e'$ である。五角形の内

角の和は，$180° \times \left(\boxed{} - 2 \right)$ だから，

$\quad \angle a + \angle b + \angle c + \angle d + \angle e = 180° \times \boxed{}$

また，1 つの頂点における内角と 1 つの外角の和
は $180°$ だから，

$\quad (\angle a + \angle a') + (\angle b + \angle b') + (\angle c + \angle c')$

$\quad + (\angle d + \angle d') + (\angle e + \angle e') = 180° \times \boxed{}$

したがって，

$\quad \angle a' + \angle b' + \angle c' + \angle d' + \angle e' = 180° \times \boxed{}$

$\qquad\qquad = \boxed{}°$

2 **1** を参考にして，n 角形の外角の和の求め方を調べた。次の 　 の中をうめ
なさい。 ……各**6**点

n 角形の内角の和は，n を使って，

$\quad (内角の和) = 180° \times \left(\boxed{} \right)$

と表される。

1 つの頂点における内角と 1 つの外角の和は $180°$ だから，

$\quad (n 個の内角の和) + (n 個の外角の和) = 180° \times \boxed{}$

したがって，n 角形の外角の和は，

$\quad (外角の和) = 180° \times n - 180° \times (n - 2) = 180° \times \boxed{}$

$\qquad\qquad = \boxed{}°$

 覚えておこう●

$\quad$ **n 角形の外角の和は $360°$ である。**

3 次の問いに答えなさい。 ………………………………… 各**6**点

(1) 八角形の外角の和を求めなさい。

[　　　　　]

(2) 正八角形の1つの外角の大きさを求めなさい。

ヒント (外角の和)÷8

[　　　　　]

(3) 1つの外角の大きさが18°の正多角形は，正何角形か求めなさい。

ヒント 18°×n が360°に等しい。

[　　　　　]

4 下の図で，∠xの大きさを求めなさい。 ………………………… 各**7**点

(1)
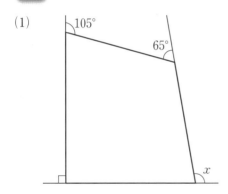

∠x [　　　　　]

(2)
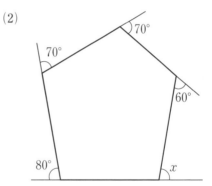

∠x [　　　　　]

(3)
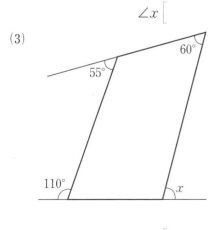

∠x [　　　　　]

(4)
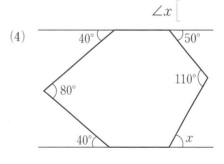

∠x [　　　　　]

平行線と角のまとめ①

1 次の図で，∠x の大きさを求めなさい。 ········· 各**6**点

(1)

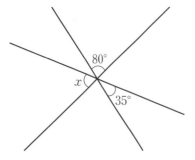

∠x［　　　　　］

(2)

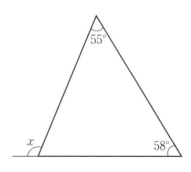

∠x［　　　　　］

2 次の図で，ℓ∥m のとき，∠x の大きさを求めなさい。 ········· 各**6**点

(1)

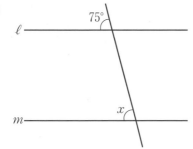

∠x［　　　　　］

(2)

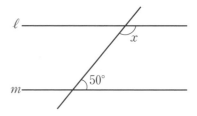

∠x［　　　　　］

(3)

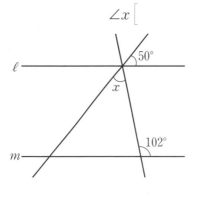

∠x［　　　　　］

(4)

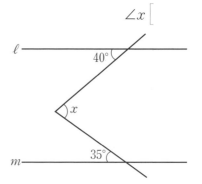

∠x［　　　　　］

3 次の問いに答えなさい。 ………………………………… 各**6**点

(1) 十角形の外角の和を求めなさい。

[   ]

(2) 十角形の内角の和を求めなさい。

[   ]

(3) 正十角形の1つの内角の大きさを求めなさい。

[   ]

(4) 1つの内角の大きさが160°の正多角形は，正何角形か求めなさい。

ヒント この図形の1つの外角の大きさを求める。

[   ]

4 次の図で，∠x，∠y の大きさを求めなさい。 ………………… [ ] 各**5**点

(1)

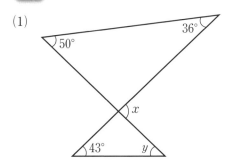

(2)

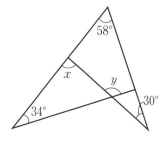

∠x [   ]   ∠x [   ]

∠y [   ]   ∠y [   ]

(3)

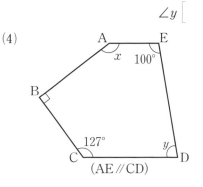

(ℓ // m)

(4)

(AE // CD)

∠x [   ]   ∠x [   ]

∠y [   ]   ∠y [   ]

1 次の図で，∠x，∠y の大きさを求めなさい。 .... [ ] 各 **4** 点

(1)

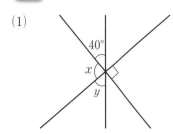

(2)

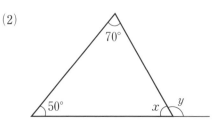

∠x [　　　　　]

∠y [　　　　　]

∠x [　　　　　]

∠y [　　　　　]

(3)

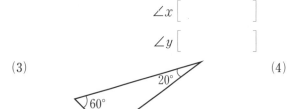

(4)

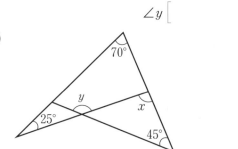

∠x [　　　　　]

∠y [　　　　　]

∠x [　　　　　]

∠y [　　　　　]

2 次の問いに答えなさい。 .... 各 **8** 点

(1) 七角形の内角の和を求めなさい。

[　　　　　]

(2) 六角形の外角の和を求めなさい。

[　　　　　]

(3) 正五角形の1つの内角の大きさを求めなさい。

[　　　　　]

3 次の図で，$\ell /\!/ m$ のとき，$\angle x$，$\angle y$ の大きさを求めなさい。 ········ [ ] 各**4**点

(1)

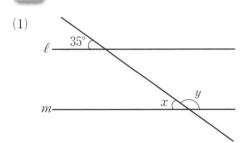

$\angle x$ [   ]

$\angle y$ [   ]

(2)

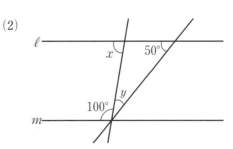

$\angle x$ [   ]

$\angle y$ [   ]

(3)

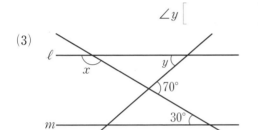

$\angle x$ [   ]

$\angle y$ [   ]

(4)

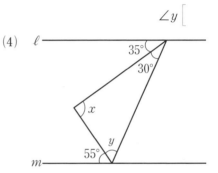

$\angle x$ [   ]

$\angle y$ [   ]

4 次の図で，$\angle x$ の大きさを求めなさい。 ···················· 各**6**点

(1)

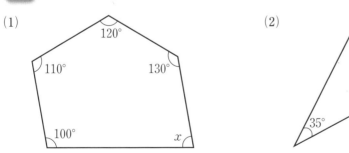

$\angle x$ [   ]

(2)

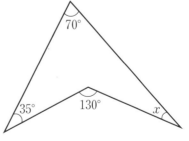

$\angle x$ [   ]

11 合同

答えは別冊7ページ

月　日　　点

●Memo 覚えておこう●

●右の図で，△ABCと△DEFは重ねあわせることができる。
このとき，△ABCと△DEFは**合同である**といい，記号≡
を使って，次のように表す。

$$△ABC ≡ △DEF$$

上のように，対応する点が同じ順序になるように書き表す。

●合同な図形では，対応する線分の長さが等しく，対応する
角の大きさが等しい。

---

1 右の図で，△ABCと△PQRは合同である。次の ☐ の中をうめなさい。

各**3**点

(1) 対応する頂点は，

点Aと点 ☐ ，点Bと点 ☐ ，点Cと点 ☐

である。

(2) △ABC≡△ ☐ である。

（対応する点が同じ順序になるように書く。）

(3) AB= ☐ ，BC= ☐ である。

(4) ∠BAC=∠ ☐ ，∠ABC=∠ ☐ である。

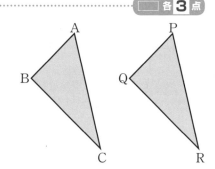

---

2 右の図で，四角形ABCDと四角形PQRSは直線 ℓ について線対称である。次
の問いに答えなさい。対応する点が同じ順序になるように書くこと。 各**5**点

(1) 辺ABと対応する辺を答えなさい。

[　　　　　]

(2) 辺CDと対応する辺を答えなさい。

[　　　　　]

(3) ∠DABと対応する角を答えなさい。

[　　　　　]

(4) ∠BCDと対応する角を答えなさい。

[　　　　　]

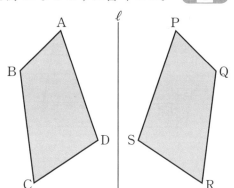

3 右の図で，△ABCと△DEFは合同である。次の問いに答えなさい。

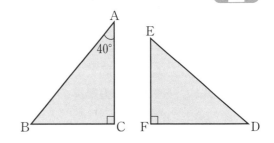

(1) △ABCと△DEFが合同であることを記号を使って書き表しなさい。（対応する点が同じ順序になるように書く。）　[　　　　　　　]

(2) 辺ACと対応する辺を答えなさい。

[　　　　　　　]

(3) 辺DEと対応する辺を答えなさい。

[　　　　　　　]

(4) 辺FDと対応する辺を答えなさい。　(5) ∠ACBと対応する角を答えなさい。

[　　　　　]　　　　　　[　　　　　]

(6) ∠EDFの大きさを求めなさい。　(7) ∠DEFの大きさを求めなさい。

[　　　　　]　　　　　　[　　　　　]

4 右の図で，四角形ABCD≡四角形PQRSである。次の問いに答えなさい。

(1) 辺ABと対応する辺を答えなさい。

[　　　　　]

(2) 辺ADの長さを求めなさい。

[　　　　　]

(3) 辺CDの長さを求めなさい。

[　　　　　]

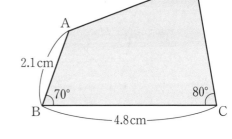

(4) 辺QRの長さを求めなさい。

[　　　　　]

(5) ∠Aの大きさを求めなさい。

[　　　　　]

(6) ∠Rの大きさを求めなさい。

[　　　　　]

(7) ∠Dの大きさを求めなさい。

[　　　　　]

12 三角形の合同条件

●**Memo**覚えておこう●

- ● 2つの三角形が合同であることをいうためには，2つの三角形の辺と角について，次の3つの条件のうち，どれか1つが成り立つことをいえばよい。
- ●三角形の合同条件
  - ① 3組の辺がそれぞれ等しい。
  - ② 2組の辺とその間の角がそれぞれ等しい。
  - ③ 1組の辺とその両端の角がそれぞれ等しい。

1 次の(1)〜(3)の2つの三角形は合同である。それぞれ，等しい辺や角の関係を式で表し，合同条件を答えなさい。ただし，同じ印のついた辺や角は等しいものとする。 ［ ］各**5**点

(1)

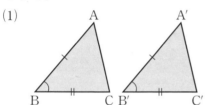

辺や角の関係 [　　　　]

合同条件 [　　　　]

(2)

辺や角の関係 [　　　　]

合同条件 [　　　　]

(3)

辺や角の関係 [　　　　]

合同条件 [　　　　]

2 次の2つの三角形は合同である。合同条件を答えなさい。 各**5**点

(1) 直角をはさむ2辺の長さが5cmと7cmの2つの直角三角形

[　　　　]

(2) 2辺の長さが8cmで，他の1辺の長さが4cmの2つの二等辺三角形

[　　　　]

3 下の図で，合同な三角形はどれとどれか，記号≡を使って表しなさい。また，そのときに使った合同条件を答えなさい。対応する点が同じ順序になるように書くこと。 ････････ [ ] 各**5**点

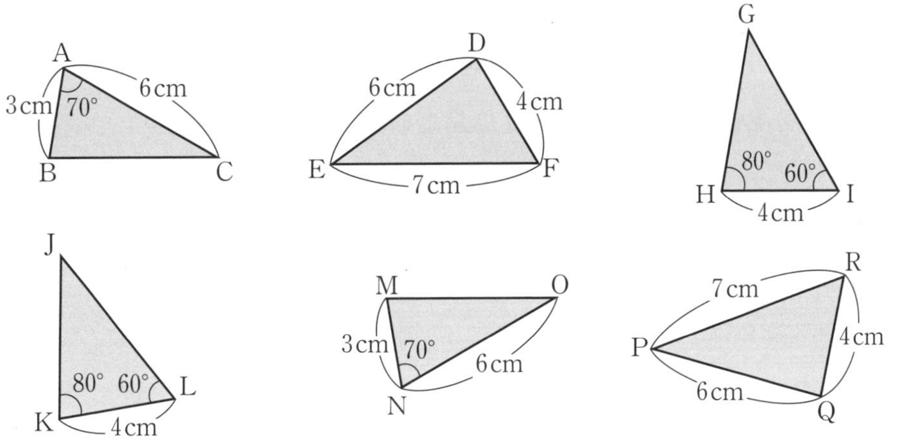

合同な三角形 　　　　　　　　　　　　　合同条件

[・]……[　　　　　　]

[　　]……[　　　　　　]

[　　]……[　　　　　　]

4 右の図の△ABCと△DEFにおいて，AB＝DE，BC＝EFである。このとき，あと1つどんな条件をつけ加えれば，△ABCと△DEFは合同になるか，2通り答えなさい。 各**5**点

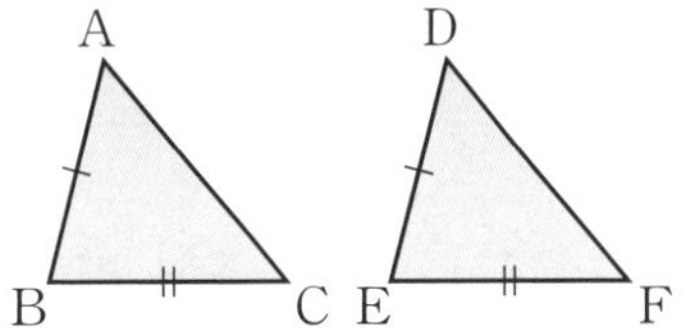

[　　　　　] [　　　　　]

5 右の図で，△ABD≡△ACEであることを，次のように説明した。□の中をうめなさい。 ････････ 各**5**点

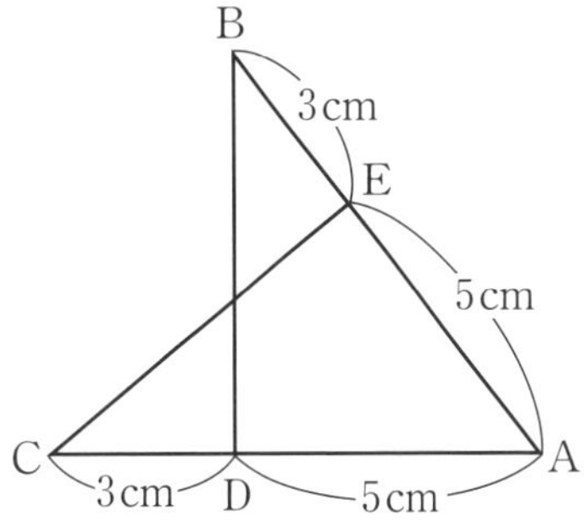

（説明）　△ABDと△ACEにおいて，

　AB＝[　　]，AD＝[　　]

　∠[　　]は2つの三角形に共通な角だから，三

角形の合同条件

[　　　　　　　　　　　　　　　　　　]

より，△ABD≡△ACE

13 仮定と結論

ポイント

「〜ならば，…である。」という形の文において，
「〜」の部分を仮定，「…」の部分を結論という。

1 次のことがらについて，仮定と結論を答えなさい。　　　[ ] 各**4**点

(1)　$2x-1=3$ ならば，$x=2$ である。

仮定[　　　　　　　　]　結論[　　　　　　　　]

(2)　△ABC と△DEF が合同であるならば，△ABC と△DEF の面積は等しい。

仮定[　　　　　　　　]　結論[　　　　　　　　]

(3)　$a>b$ ならば，$a-c>b-c$ である。

仮定[　　　　　　　　]　結論[　　　　　　　　]

2 例にならって，次のことがらについて，仮定と結論を記号で答えなさい。
　　　　　　　　　　　　　　　　　　　　　　[ ], □ 各**4**点

例

直線 ℓ と m が平行で，直線 m と n が平行ならば，直線 ℓ と n は平行である。

仮定[　$\ell /\!/ m$, $m /\!/ n$　]　結論[　$\ell /\!/ n$　]

(1)　△ABC≡△DEF ならば，辺AB と辺DE の長さは等しい。

仮定[　　　　　　　　]　結論[　　　　　　　　]

(2)　2つの数 a，b が等しければ，a と c の積と b と c の積は等しい。

仮定[　　　　　　　　]　結論[　　　　　　　　]

(3)　△ABC と△DEF で，3組の辺の長さがそれぞれ等しいとき，△ABC と△DEF は
合同である。

仮定　AB=DE, [　　　　　　], [　　　　　　]

結論[　　　　　　　　]

3 右の図の四角形ABCDで，AB＝AD，BC＝DC ならば，△ABC≡△ADC で
あることを証明したい。次の問いに答えなさい。 ·········· [ ]，□ 各**4**点

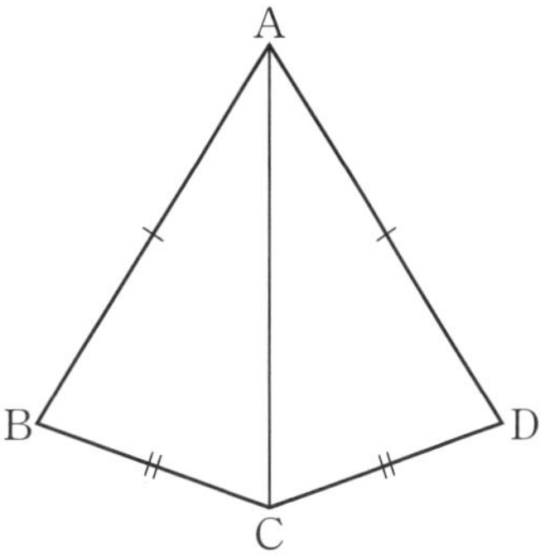

(1) 仮定を答えなさい。

[ ]

(2) 結論を答えなさい。

[ ]

(3) このことがらを，次のように証明した。□ の中
をうめなさい。

(証明) △ABCと△ADCにおいて，

仮定より，AB＝□ ，BC＝□

また，□ は共通

よって，三角形の合同条件のうち，

□

ことがいえるから，△ABC≡△ADC

4 右の図で，AB∥CD，AE＝DE ならば，△ABE≡△DCE であることを証明
したい。次の問いに答えなさい。 ·········· [ ] 各**4**点

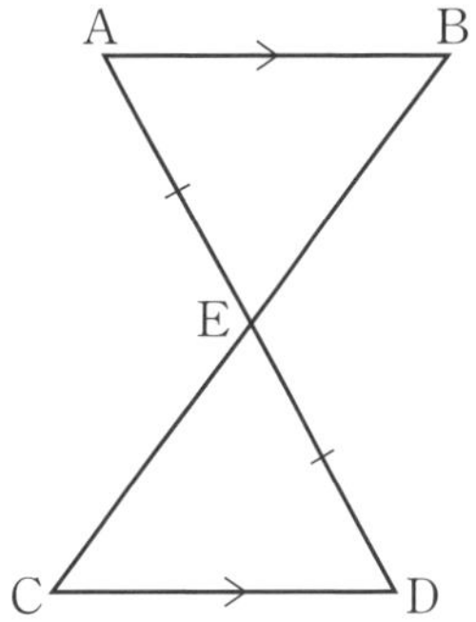

(1) 仮定と結論を答えなさい。

仮定 [，]

結論 [ ]

(2) このことがらを，次のように証明した。根拠となること
がらを，下の の中から選び，記号で答えなさい。

(証明) △ABEと△DCEにおいて，

AE＝DE　　……①　　←ア [ ]

∠BAE＝∠CDE ……②　　←イ [ ]

∠AEB＝∠DEC ……③　　←ウ [ ]

①，②，③より，

△ABE≡△DCE　　←エ [ ]

---

a 仮定　　　*b* 平行線の錯角は等しい。　　　*c* 対頂角は等しい。
d 1組の辺とその両端の角がそれぞれ等しい2つの三角形は合同である。

14 三角形の合同の証明①

1 右の図のように，長さの等しい2つの線分AB，CDが点Oで交わっている。このとき，OA＝OCならば，△AOD≡△COBであることを，次のように証明した。□の中をうめなさい。　各**3**点

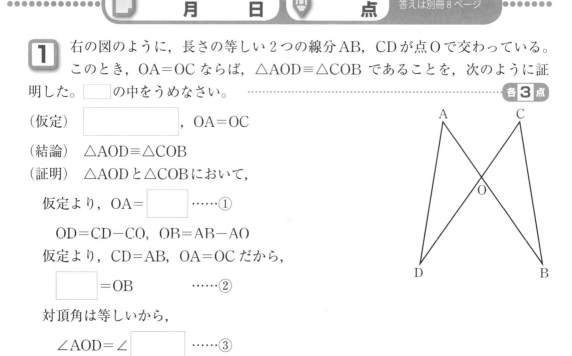

（仮定）□□□□□□，OA＝OC

（結論）　△AOD≡△COB

（証明）　△AODと△COBにおいて，

　仮定より，OA＝□□□　……①

　　OD＝CD－CO，OB＝AB－AO

　仮定より，CD＝AB，OA＝OCだから，

　　□□□＝OB　　　……②

　対頂角は等しいから，

　　∠AOD＝∠□□□　……③

　①，②，③より，三角形の合同条件のうち，□□□□□□□□□□□がそ

れぞれ等しいことがいえるから，△AOD≡△□□□

2 右の図の正方形ABCDで，辺ABの中点をMとし，Mを通る直線と辺AD，辺CBの延長との交点をそれぞれE，Fとする。次の問いに答えなさい。　各**8**点

(1)　△AME≡△BMFとなるためには，
　AM＝BM，∠EAM＝∠FBMのほかにどんな
　ことがいえればよいか答えなさい。

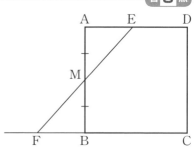

　　　[　　　　　　　　　　　　]

(2)　(1)で，△AME≡△BMFを証明するときに
　使う三角形の合同条件を答えなさい。

　　　[　　　　　　　　　　　　]

3 右の図のように，2つの線分 AC，DB が点 O で交わっている。このとき，AD∥BC，OD＝OB ならば，△AOD≡△COB であることを，次のように証明した。□ の中をうめなさい。 各**3**点

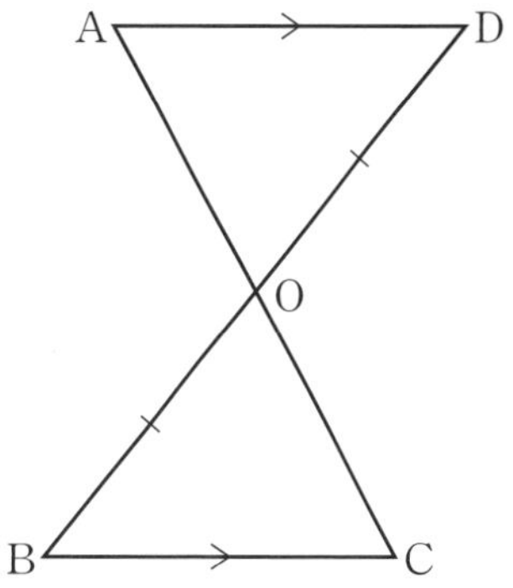

（仮定）　AD∥BC，[　　　　]

（結論）　[　　　　]

（証明）　△AOD と △COB において，

　仮定より，[　　]＝[　　]　　　……①

　AD∥BC より，錯角は等しいから，

　∠ADO＝∠[　　　]　　　……②

　対頂角は等しいから，∠AOD＝∠[　　　]　……③

　①，②，③より，三角形の合同条件のうち，[　　　　　　　　]がそ

れぞれ等しいことがいえるから，△[　　　]≡△[　　　]

4 右の図のように，円 O の周上に4点 A，B，C，D があり，AB＝CD ならば，∠AOB＝∠COD であることを，次のように証明した。□ の中をうめなさい。 各**3**点

（仮定）　円 O の周上に4点 A，B，C，D があり，AB＝CD

（結論）　[　　　　]

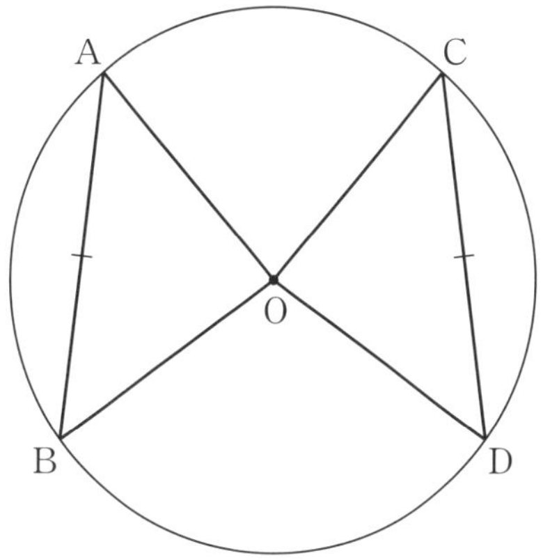

（考え方）　△AOB≡△[　　　]を証明し，対応す

る角が等しいことから，∠AOB＝∠COD を導く。

（証明）　△AOB と △COD において，

　仮定より，[　　]＝[　　]　　　……①

　円の半径は等しいから，[　　]＝[　　]　……②

　[　　]＝[　　]　……③

　①，②，③より，三角形の合同条件のうち，[　　　　　　　]がそれぞれ等し

いことがいえるから，△[　　　]≡△[　　　]

合同な図形の対応する角の大きさは等しいから，∠[　　　]＝∠[　　　]

1 右の図のように，点A，Bを中心とする2つの円の交点をC，Dとするとき，△ACB≡△ADB であることを，次のように証明した。□の中をうめなさい。

各**3**点

（証明）　△ACBと△□において，

円の半径は等しいから，

AC＝□　……①

□＝□　……②

□は共通……③

①，②，③より，□がそれぞれ等しいから，

△□≡△□

※⑭のように（仮定）・（結論）を書かずに，一般にはこのように証明していく。

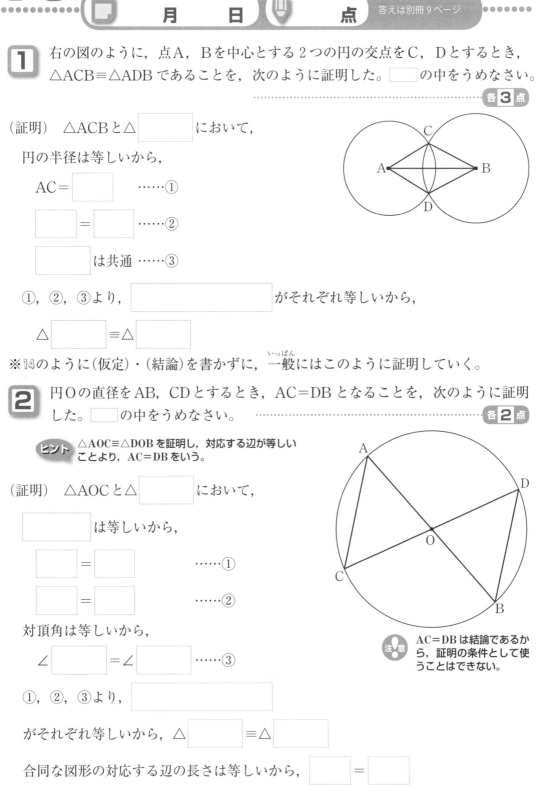

2 円Oの直径をAB，CDとするとき，AC＝DB となることを，次のように証明した。□の中をうめなさい。　　各**2**点

ヒント　△AOC≡△DOB を証明し，対応する辺が等しいことより，AC＝DB をいう。

（証明）　△AOCと△□において，

□は等しいから，

□＝□　　　……①

□＝□　　　……②

対頂角は等しいから，

∠□＝∠□　……③

①，②，③より，□

がそれぞれ等しいから，△□≡△□

合同な図形の対応する辺の長さは等しいから，□＝□

注意　AC＝DB は結論であるから，証明の条件として使うことはできない。

3 右の図のように，2つの線分AC，DBが点Oで交わっている。このとき，AD∥BC，AD＝CB ならば，△AOD≡△COB であることを，次のように証明した。□□ の中をうめなさい。 ⋯⋯⋯⋯⋯⋯⋯⋯⋯ **各3点**

（証明）　△AODと△□□□□ において，

　仮定より，□□ ＝ □□ ……①

　AD∥BC より，

　　∠□□□ ＝ ∠□□□ ……②

　　∠□□□ ＝ ∠□□□ ……③

　①，②，③より，□□□□□□□

　がそれぞれ等しいから，△□□□ ≡△□□□

ヒント P.31の**3**参照。
平行線の錯角は等しいことを使う。

4 右の図の正方形ABCDで，辺ABの中点をMとし，Mを通る直線と辺AD，辺CBの延長との交点をそれぞれE，Fとする。このとき，△AME≡△BMF であることを証明しなさい。 ⋯⋯⋯⋯⋯⋯⋯⋯⋯ **20点**

（証明）

ヒント P.30の**2**を参照。

16 合同な図形のまとめ①

1 次の図で，合同な三角形はどれとどれか，記号≡を使って表しなさい。また，そのときに使った合同条件を答えなさい。ただし，同じ印をつけた辺の長さは等しいものとする。 ──── [ ] 各**3**点

(1)
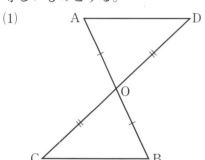

(2)
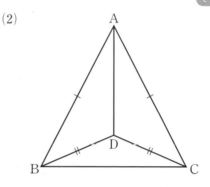

合同な三角形 [　　　　　　　　]　　合同な三角形 [　　　　　　　　]

合同条件 [　　　　　　　　]　　　　合同条件 [　　　　　　　　]

2 右の図で，△ABC≡△DEF，∠A＝90°，∠B＝50°である。次の問いに答えなさい。 ──── 各**4**点

(1) 辺ACと対応する辺を答えなさい。

[　　　　　]

(2) 辺DEと対応する辺を答えなさい。

[　　　　　]

(3) 辺EFと対応する辺を答えなさい。

[　　　　　]

(4) ∠ABCと対応する角を答えなさい。

[　　　　　]

(5) ∠EDFの大きさを求めなさい。

[　　　　　]

(6) ∠DFEの大きさを求めなさい。

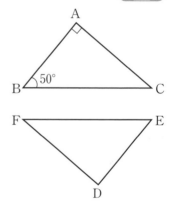

ヒント 三角形の内角の和は180°である。

[　　　　　]

3 右の図のように，∠XOYの二等分線上に点Cをとり，辺OX，OY上に，OA＝OB となるように点A，Bをとる。このとき，AC＝BC となることを，次のように証明した。□□ の中をうめなさい。 ·········· 各 **4** 点

ヒント △AOC≡△BOC を証明すれば，対応する辺が等しいことより結論がいえる。

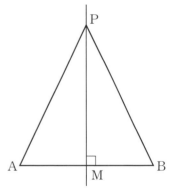

（証明）　△AOCと△□□□ において，

　仮定より，

　　∠□□□ ＝∠□□□ ……①

　　□□□ ＝ □□□ ……②

　　□□□ は共通 ……③

　①，②，③より，□□□□□□□□□ がそれぞれ等しいから，

　　△□□□ ≡△□□□

　よって，□□ ＝ □□

4 右の図のように，線分ABの垂直二等分線上の点をP，垂直二等分線とABの交点をMとするとき，△PAM≡△PBM となることを証明しなさい。 ··· **20** 点

ヒント ∠AMPと∠BMPはともに90°で等しい。
M は，線分 AB の中点である。
線分PM は 2 つの三角形に共通である。

（証明）

注意 三角形の合同の証明では必ず合同条件を示すこと。

17 合同な図形のまとめ②

1 次の図の三角形のうち，合同な三角形の組が3組ある。下の ☐ の中をうめなさい。　　　　　　　　　　　　　☐ 各**10**点

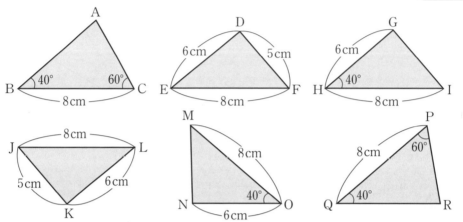

(1) 3組の辺の長さがそれぞれ等しいから，

☐ ≡ ☐

(2) 2組の辺とその間の角がそれぞれ等しいから，

☐ ≡ ☐

(3) 1組の辺とその両端の角がそれぞれ等しいから，

☐ ≡ ☐

2 次のことがらについて，仮定と結論を記号で書きなさい。　　　　[ ] 各**5**点

(1) △ABCと△PQRが合同であるならば，∠Bと∠Qの大きさは等しい。

仮定 [　　　　　　　　　　] 結論 [　　　　　　　　　　]

(2) a と b がともに正の数ならば，ab も正の数である。

仮定 [　　　　　　　　　　] 結論 [　　　　　　　　　　]

(3) 四角形ABCDで，AB＝CD，BC＝DA ならば，△ABCと△CDAは合同である。

仮定 [　　　　　　　　　　] 結論 [　　　　　　　　　　]

3 右の図で，AD∥BC，AE＝CE ならば，△AED≡△CEB であることを証明したい。次の問いに答えなさい。 ················ (1)，(2) **5**点 (3) **10**点

(1) 仮定を答えなさい。

[ ]

(2) 結論を答えなさい。

[ ]

(3) 証明しなさい。

（証明）

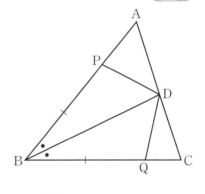

ヒント P.31の **3** 参照。

4 右の図の△ABCで，∠Bの二等分線と辺ACの交点をDとし，辺AB，BC上に BP＝BQ となるように点P，Qをとる。このとき，△BDP≡△BDQ であることを証明しなさい。 ················ **20**点

（証明）

ヒント BDは共通。

18 平行と合同のまとめ

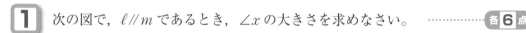

月　　　日　　　　　点　　　答えは別冊10ページ

1 次の図で，$\ell /\!/ m$ であるとき，∠x の大きさを求めなさい。 ·············· 各**6**点

(1)

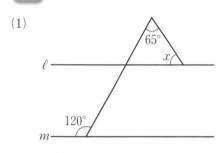

∠x [　　　　　]

(2)

∠x [　　　　　]

2 次の図で，∠x の大きさを求めなさい。ただし，同じ印のついた角の大きさは等しいものとする。 ·············· 各**9**点

(1)

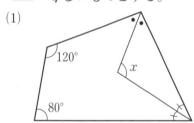

∠x [　　　　　]

(2)

∠x [　　　　　]

(3)

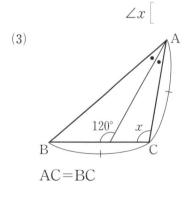

AC＝BC

∠x [　　　　　]

(4)

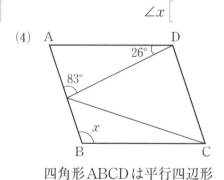

四角形ABCDは平行四辺形

∠x [　　　　　]

3 次の問いに答えなさい。 ⋯⋯⋯⋯⋯⋯⋯⋯⋯⋯⋯⋯⋯⋯⋯ 各**8**点

(1) 十二角形の内角の和を求めなさい。

$$[\qquad\qquad]$$

(2) 内角の和が$1080°$になるのは何角形か求めなさい。

$$[\qquad\qquad]$$

(3) 1つの内角の大きさが$150°$であるのは正何角形か求めなさい。

$$[\qquad\qquad]$$

4 右の図で，OA＝OC，OB＝OD である。次の問いに答えなさい。

⋯⋯⋯⋯⋯⋯⋯⋯⋯⋯⋯⋯ 各**4**点

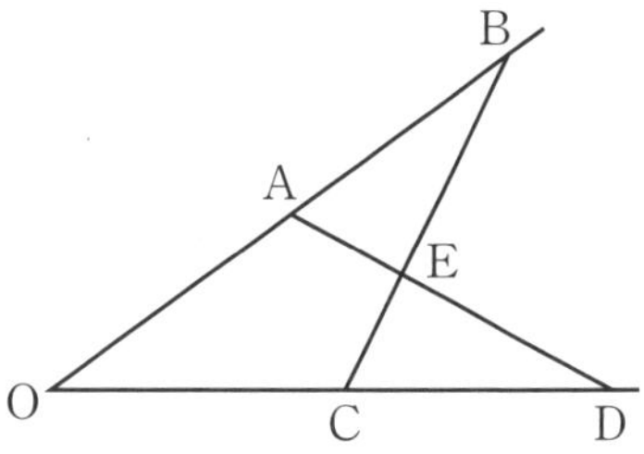

(1) △AOD≡△COB を次のように証明した。
  ☐ の中をうめなさい。

  （証明） △AODと△COBにおいて，

  仮定より，OA＝☐ ⋯⋯①

  OD＝☐ ⋯⋯②

  また，∠☐ は共通⋯⋯③

  ①，②，③より，☐ がそれぞれ等しいから，

  △AOD≡△COB

(2) △AEB≡△CED を次のように証明した。☐ の中をうめなさい。

  （証明） △AEBと△CEDにおいて，

  仮定より，OB－OA＝OD－OC だから，AB＝CD ⋯⋯①

  (1)より，∠ABE＝∠☐ ⋯⋯②

  また，∠OAE＝∠OCE より，∠EAB＝∠☐ ⋯⋯③

  ①，②，③より，☐ がそれぞれ等しいから，

  △AEB≡△CED

19 二等辺三角形①

─●**Memo**覚えておこう●─

●**二等辺三角形の定義**[*]

　…2つの辺が等しい三角形を二等辺三角形という。

●**二等辺三角形の性質**

　…二等辺三角形の2つの底角は等しい。

[*]**定義**…上のように，ことばの意味をはっきりと述べたもの。

1 右の図は，AB＝ACの二等辺三角形ABCである。次の問いに答えなさい。

····· 各**8**点

(1) AB＝6cm のとき，辺ACの長さを求めなさい。

[　　　　　　]

(2) ∠B＝75° のとき，∠Cの大きさを求めなさい。

[　　　　　　]

(3) ∠B＝75° のとき，∠Aの大きさを求めなさい。

[　　　　　　]

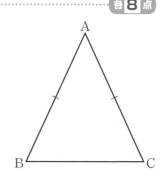

2 右の図は，AB＝AC，∠B＝55°の二等辺三角形ABCである。∠x の大きさを次のように求めた。□ の中をうめなさい。 ····· 各**7**点

△ABCは AB＝AC の二等辺三角形だから，底角は等しい。よって

　∠C＝∠B＝[　　　]°

三角形の内角の和は180°だから

　∠x＝180°－[　　　]°×2

　　＝[　　　]°

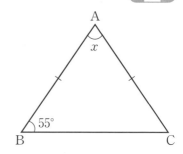

40

3 2の図で，∠B＝$a°$のとき，∠xの大きさを$a°$を使って表しなさい。 ……… **7**点

∠x [   ]

4 下の図で，xの値を求めなさい。 ……………………………… 各**8**点

(1)

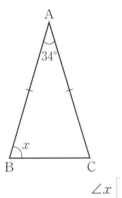

8 cm　　x cm

45°　　　45°

[   ]

(2)

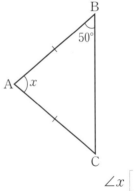

5 cm　　5 cm

60°

x cm

[   ]

5 下の図は，AB＝AC の二等辺三角形ABCである。∠xの大きさを求めなさい。
(4)では，$a°$を使って表しなさい。 ……………………………… 各**8**点

(1)

A

34°

x

B　　　C

∠x [   ]

(2)

B

50°

A　x

C

∠x [   ]

(3)

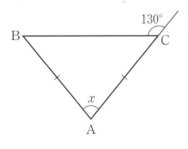

B　　　　C　130°

x

A

∠x [   ]

(4)

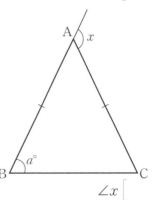

A　x

$a°$

B　　　C

∠x [   ]

20 二等辺三角形②

1 二等辺三角形の2つの底角は等しいことを，次のように証明した。☐の中をうめなさい。 各**6**点

（証明）　右の図のような，AB＝AC の二等辺三角形
ABCで，∠Aの二等分線をひき，辺BCとの交点
をDとする。

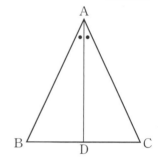

△ABDと△ACDにおいて，

仮定より，

∠BAD＝∠ ☐　……①

AB＝AC　　　　……②

また，ADは共通　……③

①，②，③より，☐

がそれぞれ等しいから，

△ABD≡△ACD

よって，∠B＝∠C

したがって，二等辺三角形の2つの底角は等しい。

2 **1**を使って，二等辺三角形の頂角の二等分線は，底辺を垂直に2等分することを，次のように証明した。☐の中をうめなさい。 各**6**点

（証明）　**1**より，

△ABD≡△ACD

よって，∠ADB＝∠ ☐

また，∠ADB＋∠ADC＝☐°だから，

∠ADB＝☐°

すなわち，AD⊥BC ……①

また，合同な2つの三角形△ABDと△ACDにおいて，対応する辺の長さは等しいから，

BD＝☐　……②

①，②より，ADはBCを垂直に2等分する。

よって，二等辺三角形の頂角の二等分線は，底辺を垂直に2等分する。

●**Memo** 覚えておこう●

●**二等辺三角形の頂角の二等分線の性質**

……二等辺三角形の頂角の二等分線は，底辺を垂直に2等分する。

3 右の図で，円Oの中心Oと，円周上の異なる2点A，Bを結び△OABをつくる。また，点Pは円Oの周上の点で，PA＝PBである。このとき，直線POは線分ABの垂直二等分線となることを，次のように証明した。□の中をうめなさい。

.... 各**7**点

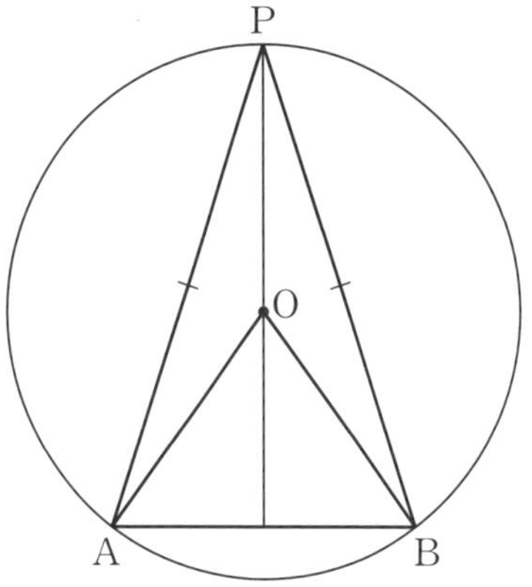

（考え方） 直線POが線分ABの垂直二等分線であるためには，△PABが二等辺三角形で，直線POが∠□□□□□の二等分線であればよい。

（証明） △APOと△BPOにおいて，

仮定より，PA＝□□□ ……①

円Oの半径だから，OA＝□□□ ……②

また，POは共通 ……③

①，②，③より，□□□□□□がそれ

ぞれ等しいから，

△APO≡△□□□

よって，∠APO＝∠□□□ ……④

①より，△PABは二等辺三角形であり，

④より，直線POは∠□□□の二等分線であるから，

直線POは，線分ABの垂直二等分線となる。

4 次の文の□の中をうめなさい。 各**5**点

(1) 二等辺三角形とは，□□□□□□が等しい三角形のことである。（定義）

(2) 二等辺三角形は，2つの□□□が等しい。（性質）

(3) 二等辺三角形の頂角の□□□□は，底辺を垂直に2等分する。（性質）

21 二等辺三角形になるための条件

1 　2つの角が等しい三角形の2辺は等しいことを，次のように証明した。□ の中をうめなさい。 ……………………………………………… 各**5**点

（証明）　右の図のような，∠B＝∠C の△ABCで，

∠Aの二等分線をひき，辺BCとの交点をDとする。

△ABDと△ACDにおいて，

仮定より，∠B＝∠C

∠BAD＝∠ □ ……①

三角形の内角の和は180°であるから，残りの角も

等しい。

したがって，∠ADB＝∠ □ ……②

また，ADは共通……③

①，②，③より，□

がそれぞれ等しいから，

△ABD≡△ □

よって，AB＝ □

したがって，2つの角が等しい三角形の2辺は等しい。

2 　1を使って，3つの角が等しい三角形は正三角形であることを，次のように証明した。□ の中をうめなさい。 ……………………………………… 各**8**点

（証明）　右の図の△ABCにおいて，

∠B＝∠C より，△ABCはBCを底辺とする二等辺

三角形だから，

AB＝ □ ……①

また，∠C＝∠A より，同様に，

BC＝ □ ……②

①，②より，AB＝BC＝ □

3つの辺が等しいから，△ABCは正三角形である。

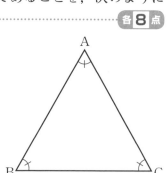

─●**Memo**覚えておこう●─

●**二等辺三角形になるための条件**
……三角形の2つの角が等しければ，その三角形は，等しい2つの角を底
角とする二等辺三角形である。

3 右の図で，$\ell /\!/ m$ である。ℓ 上に点Pをとり，m 上に異なる2点A，Bをとる。
$\angle a = \angle b$ であるとき，$\triangle$PAB は二等辺三角形になることを，次のように証明
した。 の中をうめなさい。 ⋯⋯⋯ 各**8**点

（証明） $\ell /\!/ m$ より，平行線の は等しいから，

$\angle a = \angle$PAB

$\angle b = \angle \boxed{}$

仮定より，$\angle a = \angle b$ だから，

$\angle$PAB $= \angle \boxed{}$

2つの角が等しいから，$\triangle$PAB は二等辺三角形に
なる。

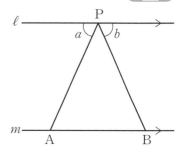

4 右の図の AB＝AC の二等辺三角形ABCで，底角 $\angle$B，$\angle$Cの二等分線をそ
れぞれひき，その交点をPとする。このとき，$\triangle$PBC は二等辺三角形になる
ことを，次のように証明した。 の中をうめなさい。 ⋯⋯⋯ 各**9**点

（証明） 仮定より，

$\angle$PBC $= \dfrac{1}{2}\angle$ABC ⋯⋯①

$\angle$PCB $= \dfrac{1}{2}\angle \boxed{}$ ⋯⋯②

$\triangle$ABCは AB＝AC の二等辺三角形だから，

$\angle$ABC $= \angle \boxed{}$ ⋯⋯③

①，②，③より，$\angle$PBC $= \angle \boxed{}$

2つの角が等しいから，$\triangle$PBC は二等辺三角形になる。

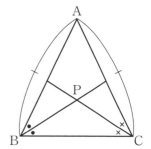

22 定理の逆

—●**Memo**覚えておこう●—

● **定理**…………証明されたことがらのうち，基本
　　　　　　　になるもの。
● **定理の逆**……ある定理の仮定と結論を入れかえ
　　　　　　　たものを，その定理の逆という。

□□□**ならば，**○○○

⇕逆

○○○**ならば，**□□□

1 次のことがらの逆を書きなさい。 ………… 各**10**点

(1) $a \geqq 10$ ならば，$a > 5$ である。

[　　　　　　　　　　　　　　　]

(2) 正の数 x，y で，$x < y$ ならば，$y - x > 0$ である。

正の数 x，y で，

[　　　　　　　　　　　　　　　]

2 △ABC と △DEF で，
「△ABC≡△DEF ならば，∠A=∠D，∠B=∠E，∠C=∠F である。」
の逆が正しくないことを，具体例をあげて示す。次の問いに答えなさい。 …… 各**10**点

(1) 上のことがらの逆を書きなさい。

△ABC と △DEF で，

[　　　　　　　　　　　　　]

(2) (1)で答えた逆が正しくないことを示す図を，
右のア〜ウから1つ選びなさい。ただし，同
じ印をつけた辺や角は等しいものとする。

[　　　　　]

ア

イ

ウ
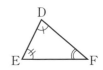

ポイント

あることがらが正しくても，その逆がいつでも正しいとは限らない。
正しくないことを示すには，正しくない場合の具体例を示す。このような例
を，反例という。

3 次のことがらの逆を書きなさい。また，それが正しい場合には○を，正しくな
い場合には×を，（　）の中に書きなさい。さらに，正しくない場合には，反例
を，〔　　〕の中に書きなさい。 ──── 完答 各**20**点

(1) △ABCと△DEFで，
　△ABC≡△DEF ならば，∠A＝∠D，AB＝DE，AC＝DF である。

逆 〔　　　　　　　　　〕

（　）

反例 〔　　　　　　　　　〕

(2) 自然数 a，b で，a も b も偶数ならば，$a+b$ は偶数である。

逆 〔　　　　　　　　　〕

（　）

反例 〔　　　　　　　　　〕

(3) 自然数 x，y で，$x \leqq y$ ならば，$2x < 3y$ である。

逆 〔　　　　　　　　　〕

（　）

反例 〔　　　　　　　　　〕

23 正三角形

●**Memo**覚えておこう●

●**正三角形の定義……3つの辺が等しい三角形を正三角形という。**

1 次の文の　　の中をうめなさい。　　　　　　　　各**8**点

(1) 二等辺三角形とは，　　　　　　が等しい三角形のことである。

(2) 正三角形とは，　　　　　　が等しい三角形のことである。

(3) 正三角形は，　　　　　　の特別なものと考えられる。

(4) 正三角形の1つの内角の大きさは，　　°である。

2 △ABCで，AB＝BC＝CA ならば，∠A＝∠B＝∠C であることを，次のように証明した。　　の中をうめなさい。　　各**7**点

（証明）　右の図で，AB＝AC だから，△ABCは，
BC を底辺とする二等辺三角形である。
底角は等しいから，

　　∠B＝∠　　……①

また，AB＝BC だから，△ABCは，
AC を底辺とする二等辺三角形である。
底角は等しいから，

　　∠A＝∠　　……②

①，②より，

　　∠A＝∠B＝∠C

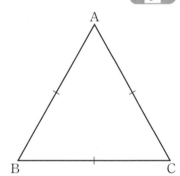

●**Memo**覚えておこう●

●**正三角形の3つの角は等しい。（正三角形の性質）**
●**3つの角が等しい三角形は正三角形である。**

3 正三角形ABCの辺AB, BC, CA上に, AP＝BQ＝CRとなるように3点P, Q, Rをとるとき, △PQRも正三角形になることを, 次のように証明した。□の中をうめなさい。 ●●●●●●●●●●●●●●●●●●●●●● 各**6**点

（考え方） 右の図で, △PQRが正三角形になるためには

PQ＝□＝RP をいえばよい。

そのためには, △□ と△BQP, △CRQの合

同を証明すればよい。このとき, 正三角形の3つの

角は等しい（正三角形の性質）を使う。

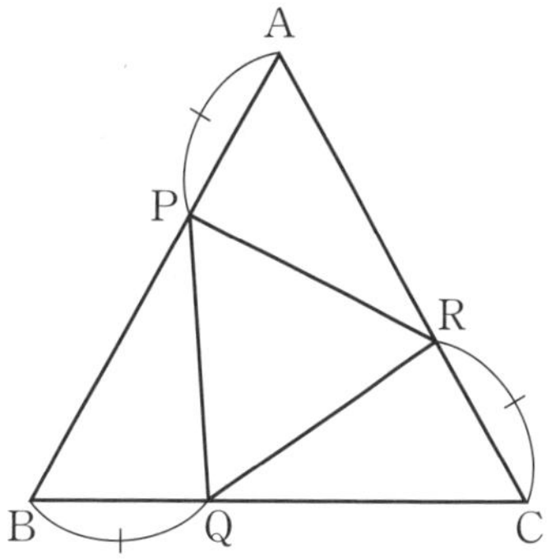

（証明） △APRと△BQPにおいて,

仮定より,

$$AP＝□ \quad ……①$$

$$\angle A＝\angle □ ＝60° ……②$$

また, RA＝CA－CR

PB＝AB－AP

仮定より, CA＝AB

CR＝AP

よって, RA＝□ ……③

①, ②, ③より, □ がそれぞれ等しいから,

$$△APR≡△□$$

したがって, RP＝□ ……④

同様にして, △APR≡△CRQ から, RP＝□ ……⑤

④, ⑤より, PQ＝QR＝RP

3辺がそれぞれ等しいから, △PQRは正三角形である。

ポイント

この問題のように, 証明の過程が同じ場合には,「同様にして」と証明の手順をはぶくことができる。

24 直角三角形の合同①

●Memo 覚えておこう●

●**直角三角形の合同条件**

　２つの直角三角形は，次の条件のうち，どちら
かが成り立てば合同である。

① **斜辺と１つの鋭角がそれぞれ等しい。**

② **斜辺と他の１辺がそれぞれ等しい。**

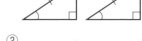

---

1 次の㋐〜㋔の三角形について，次の問いに答えなさい。

合同な三角形 各6点　合同条件 各7点

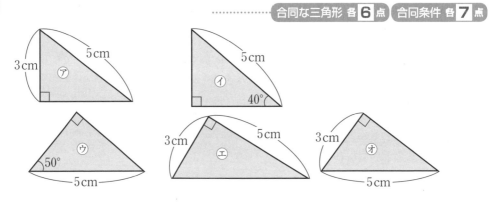

(1) ㋐と合同な三角形を答えなさい。また，そのときに使った合同条件を答えなさい。

　　合同な三角形 [　　　　　]　　合同条件 [　　　　　　　　　　　]

(2) ㋑と合同な三角形を答えなさい。また，そのときに使った合同条件を答えなさい。

　　合同な三角形 [　　　　　]　　合同条件 [　　　　　　　　　　　]

---

2 右の図の△ABCと△DEFで，∠C＝∠F＝90°，AB＝DE である。この２つ
の三角形が合同になるためには，あと１つ条件が必要である。その条件を４通
り答えなさい。

各6点

[　　　] ＝ [　　　]

[　　　] ＝ [　　　]

[　　　] ＝ [　　　]

[　　　] ＝ [　　　]

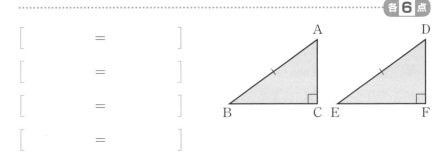

3 右の図の四角形ABCDで，AB＝BC，∠A＝∠C＝90°ならば，
△ABD≡△CBD であることを，次のように証明した。□の中をうめなさい。

（証明）　△ABDと△CBDにおいて，
　仮定より，

$\qquad$ ∠BAD＝∠ □ ＝90°……①

$\qquad$ AB＝ □ $\qquad$ ……②

$\qquad$ □ は共通 $\qquad$ ……③

　①，②，③より，□

　がそれぞれ等しいから，

$\qquad$ △ABD≡△ □

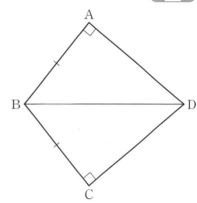

4 右の図は，AB＝AC の二等辺三角形ABCである。頂点B，Cから対辺AC，
ABに垂線をひき，それぞれの交点をD，Eとするとき，BD＝CE であることを，
次のように証明した。□の中をうめなさい。

ヒント　二等辺三角形の2つの底角が等しいことを
　　　　利用して，△BDC≡△CEB を証明する。

△BDCと△CEBにおいて，
　仮定より，

$\qquad$ ∠BDC＝∠ □ ＝90°……①

　△ABCは，AB＝AC の二等辺三角形だから，

$\qquad$ ∠DCB＝∠EBC $\qquad$ ……②

$\qquad$ BCは共通 $\qquad$ ……③

　①，②，③より，□

　がそれぞれ等しいから，△ □ ≡△ □

　よって，BD＝ □

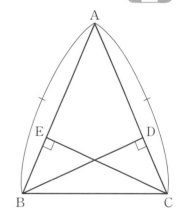

ポイント

　直角三角形の合同を証明するためには，斜辺の他に，1つの鋭角または1辺
　が等しいことをいえばよい。

月　　日　　　　点　　答えは別冊14ページ

1 右の図で，∠AOBの二等分線上の点Pから，半直線OA，OBにひいた垂線を
それぞれPC，PDとするとき，PC＝PD を証明したい。次の問いに答えなさい。

各**6**点

(1) どの2つの三角形の合同をいえばよいか答えなさ
い。

$$\Big[\qquad\qquad\Big]$$

(2) (1)の2つの三角形の合同を証明するときに使う合
同条件を答えなさい。

$$\Big[\qquad\qquad\Big]$$

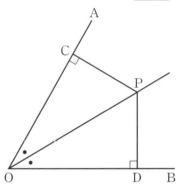

2 右の図のように，∠AOBの内部の1点Pから，半直線OA，OBにそれぞれひ
いた垂線PC，PDの長さが等しいとき，点Pは∠AOBの二等分線上にあるこ
とを，次のように証明した。 □ の中をうめなさい。

各**4**点

（証明）　△COPと△DOPにおいて，

仮定より，

∠PCO＝∠ [　　　] ＝90°……①

PC＝ [　　　] 　　　……②

[　　　] は共通　　　……③

①，②，③より， [　　　　　　　]

がそれぞれ等しいから，

△COP≡△ [　　　]

よって，∠COP＝∠ [　　　]

したがって，点Pは∠AOBの二等分線上にある。

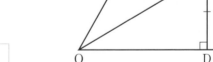

3 右の図で，AB＝CD，∠A＝∠C＝90°ならば，AD∥BC であることを，次のように証明した。☐の中をうめなさい。 各**4**点

（考え方） AD∥BC を証明するためには，錯角が等しいことをいえばよい。

（証明） △ABD と△CDB において，仮定より，

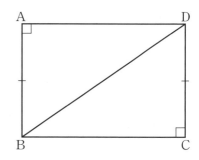

∠A＝∠☐＝90°……①

AB＝☐ ……②

☐は共通 ……③

①，②，③より，☐がそれぞれ等しいから，

△ABD≡△☐

よって，∠ADB＝∠☐

錯角が等しいから，AD∥☐である。

4 右の図は，∠B＝90°の直角二等辺三角形 ABC で，AD は∠A の二等分線である。∠DEC＝90°であるとき，次の問いに答えなさい。 各**6**点

(1) △ABD と合同な三角形を答えなさい。

[　　　　　　　]

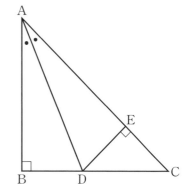

(2) (1)の2つの三角形の合同を証明するときに使う合同条件を答えなさい。

[　　　　　　　]

(3) ∠BAC の大きさを求めなさい。

[　　　　　　　]

(4) ∠ADB の大きさを求めなさい。

[　　　　　　　]

(5) ∠EDC の大きさを求めなさい。

[　　　　　　　]

(6) 線分 BD と等しい線分をすべて答えなさい。

[　　　　　　　]

1 AB＝AC の二等辺三角形ABCで，辺AB，ACの中点をそれぞれD，Eとするとき，BE＝CD となることを証明したい。次の問いに答えなさい。

(1) **9**点　(2)各**2**点

(1)　問題文にあうように，二等辺三角形ABC，および線分BE，CDを作図しなさい。

(2)　次の □ の中をうめて，証明を完成させなさい。

（作図）

（証明）　△EBCと△ □ において，

$CE＝\dfrac{1}{2}AC$, $BD＝\dfrac{1}{2}AB$, AB＝AC だから，

□ ＝ □ 　　……①

二等辺三角形の底角は等しいから，

∠ □ ＝∠ □ 　……②

□ は共通　　　　　……③

①，②，③より， □ がそれぞれ等しいから，

△ □ ≡△ □

よって，BE＝CD

2 下の図は，AB＝AC の二等辺三角形ABCである。∠x の大きさを求めなさい。

各**8**点

(1)
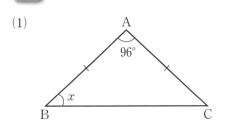

(2)
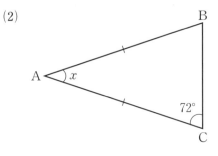

∠x [　　　　　]　　　　　　∠x [　　　　　]

3 右の図のように，正三角形 ABC の辺 AC 上に点 P をとり，線分 CP を 1 辺と
する正三角形 CQP をつくるとき，AQ＝BP となることを，次のように証明し
た。□ の中をうめなさい。 ━━━━━━ **各2点**

ヒント △CQA と △CPB の合同を利用する。

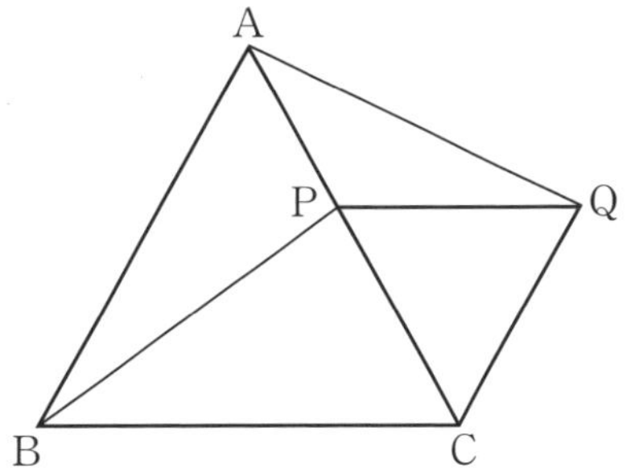

（証明）　△CQA と △ □ において，

　　△ABC は正三角形だから，

　　　　□ ＝ □ 　　　……①

　　△CQP は正三角形だから，

　　　　□ ＝ □ 　　　……②

　　　∠ □ ＝∠ □ ＝60°……③

　①，②，③より，□ がそれぞれ等しいから，

　　　△ □ ≡△ □

　　よって，□ ＝ □

4 右の図のような AB＝AC，∠A＞90° の二等辺三角形 ABC がある。頂点 B，
C から対辺 AC，AB の延長線上に垂線をひき，その交点を D，E とするとき，
BD＝CE であることを，次のように証明した。□ の中をうめなさい。 ……**各3点**

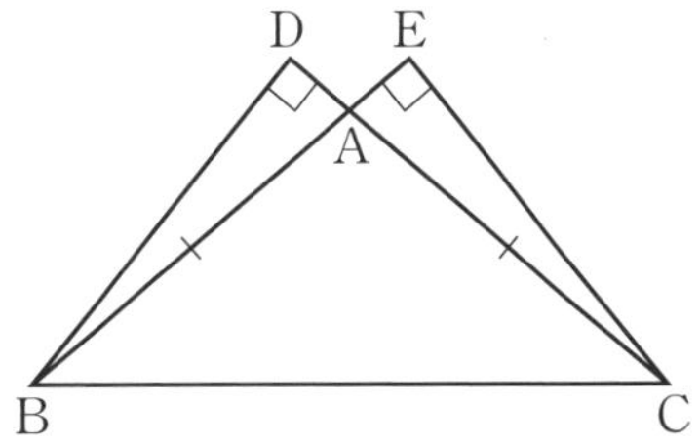

（証明）　△BDC と △ □ において，

　　BD⊥DC，BE⊥EC より，

　　　∠ □ ＝∠ □ ＝90°……①

　　△ABC は AB＝AC の二等辺三角形だから，

　　　∠ □ ＝∠ □ 　　　……②

　　　□ は共通　　　……③

　①，②，③より，□ がそれぞれ等しいから，

　　　△ □ ≡△ □

　　よって，□ ＝ □

27 三角形のまとめ②

月　　日　　　点　　答えは別冊15ページ

1 次の問いに答えなさい。

[ ] 各7点　□ 各4点

(1) 二等辺三角形の定義を書きなさい。

[　　　　　　　　　　]

(2) 正三角形の定義を書きなさい。

[　　　　　　　　　　]

(3) 直角三角形の合同条件を2つ書きなさい。

[　　　　　　　　　　]

[　　　　　　　　　　]

(4) 次の文は二等辺三角形の性質について述べたものである。□の中をうめなさい。

二等辺三角形の角について，2つの□は等しい。

二等辺三角形の□は，底辺を垂直に2等分する。

2 右の図のようなAB＝ACの二等辺三角形で，辺BC上にBD＝CEとなるように点D，Eをとるとき，△ADEも二等辺三角形になることを，次のように証明した。□の中をうめなさい。

各2点

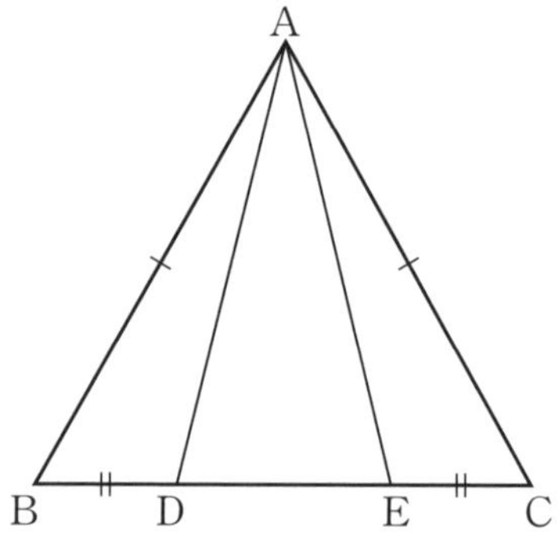

（証明）△ABDと△□において，

仮定より，AB＝□　　……①

BD＝□　　……②

二等辺三角形の底角は等しいから，

∠□＝∠□　……③

①，②，③より，□

がそれぞれ等しいから，

△□≡△□

よって，□＝□

したがって，2つの辺が等しいから，△□は二等辺三角形である。

ヒント △ADEが二等辺三角形であることを証明するためには，AD＝AEをいえばよい。AD＝AEは三角形の合同を使って証明する。

3 右の図で，△ABCと△DBEがともに正三角形であるとき，AD＝CE であることを，次のように証明した。□ の中をうめなさい。 ………… 各**2**点

ヒント △ABDと△CBEの合同をいう。
∠ABDと∠CBEはともに，
60°−∠DBC と表される。

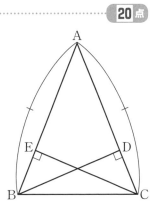

（証明）　△ABDと△□ において，

仮定より，AB＝□ ……①

BD＝□ ……②

∠ABC＝∠DBE＝60° だから，

∠ABD＝60°−∠□ ……③

∠CBE＝60°−∠□ ……④

③，④より，∠ABD＝∠□ ……⑤

①，②，⑤より，□ がそれぞれ等しいから，

△□ ≡△□

よって，□ ＝□

4 右の図のようなAB＝AC の二等辺三角形ABCで，頂点B，Cからそれぞれの対辺にひいた垂線をBD，CE とするとき，BD＝CE であることを証明しなさい。 ………… **20**点

（証明）

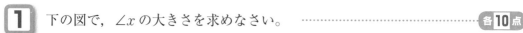

月　日　　　点　　　答えは別冊16ページ

1 下の図で，∠x の大きさを求めなさい。 ················· 各 **10** 点

(1)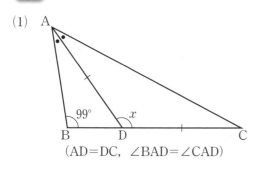

（AD＝DC，∠BAD＝∠CAD）

(2)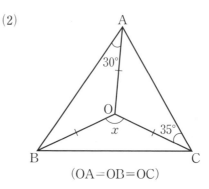

（OA＝OB＝OC）

∠x [　　　　　]　　　　　　　∠x [　　　　　]

2 右の図で，△ABC と △ADE は正三角形である。このとき，BD＝CE であることを，次のように証明した。□ の中をうめなさい。 ················· 各 **3** 点

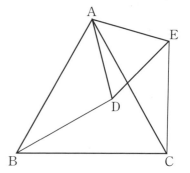

（証明）　△ABD と △ [　　　] において，

　仮定より，AB＝ [　　] 　……①

　　　　　[　　] ＝AE 　……②

　　∠BAD＝60°－∠ [　　] 　……③

　　∠CAE＝60°－∠ [　　] 　……④

③，④より，∠BAD＝∠CAE ……⑤

①，②，⑤より，[　　　　　　　　　]

がそれぞれ等しいから，

△ [　　] ≡△ [　　]

よって，[　　] ＝ [　　]

3 右の図で，∠AOBの二等分線上の点Pから，辺OA，OBへひいた垂線をそれぞれPM，PNとするとき，PM＝PN であることを，次のように証明した。☐の中をうめなさい。 ………… 各**3**点

（証明） △POM と △ ☐ において，

仮定より，

∠PMO＝∠ ☐ ＝ ☐ °……①

☐ は共通 ……②

仮定より，∠POM＝∠ ☐ ……③

①，②，③より，☐ がそれぞれ等しいから，

△ ☐ ≡△ ☐

よって，☐ ＝ ☐

4 右の図の△ABCで，∠A＝∠B＝∠C ならば，△ABCは正三角形であることを証明しなさい。 ………… **20**点

（証明）

29 平行四辺形①

●**Memo**覚えておこう●

● **平行四辺形の定義**

…… 2組の対辺(向かいあう辺)がそれぞれ

平行な四角形を平行四辺形という。

● **平行四辺形の性質**

①　2組の対辺はそれぞれ等しい。

②　2組の対角(向かいあう角)はそれぞれ等しい。

③　対角線はそれぞれの中点で交わる。

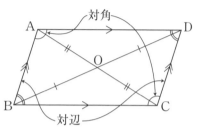

1　右の図の平行四辺形ABCDで，対角線の交点をOとするとき，次の　　の中をうめなさい。

(1)　平行四辺形の定義より，AD∥ [　　]，AB∥ [　　]

(2)　平行四辺形の性質より，

AD= [　　]，AB= [　　]

∠BAD=∠ [　　]

∠ABC=∠ [　　]

AO= [　　]，BO= [　　]

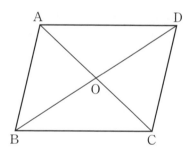

2　下の図の平行四辺形ABCDで，x，yの値を求めなさい。 ……… [ ] 各**4**点

(1)

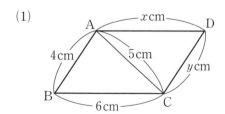

(2)

x [　　　　]，y [　　　　]　　x [　　　　]，y [　　　　]

60

3 下の図の平行四辺形ABCDで，∠x，∠y の大きさを求めなさい。

(1)

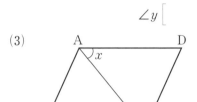

(2)

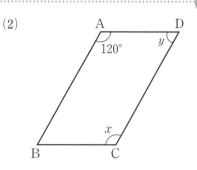

∠x [   ]   ∠x [   ]

∠y [   ]   ∠y [   ]

(3)

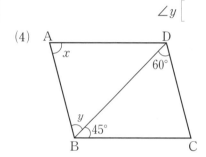

(4)

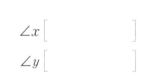

∠x [   ]   ∠x [   ]

∠y [   ]   ∠y [   ]

4 平行四辺形について，次の問いに答えなさい。

(1) 平行四辺形の定義を書きなさい。

[   ]

(2) 平行四辺形の辺や角について，その性質を書きなさい。

辺 [   ]

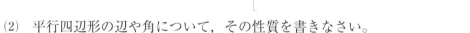

角 [   ]

(3) 平行四辺形の対角線について，その性質を書きなさい。

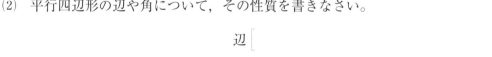

[   ]

30 平行四辺形②

月　日　点　答えは別冊17ページ

1

平行四辺形の定義「2組の対辺がそれぞれ平行な四角形は平行四辺形である」を使って，平行四辺形の性質①「平行四辺形の2組の対辺はそれぞれ等しい」を，次のように証明した。□の中をうめなさい。　各3点

注意　平行四辺形ABCDは▱ABCDとも書く。

（考え方）右の図の▱ABCDで，AD∥BC，AB∥DCから

AB＝□，BC＝□を導けばよい。

対角線ACをひいて，△ABC，△□をつくり，

この2つの三角形の合同をいえばよい。

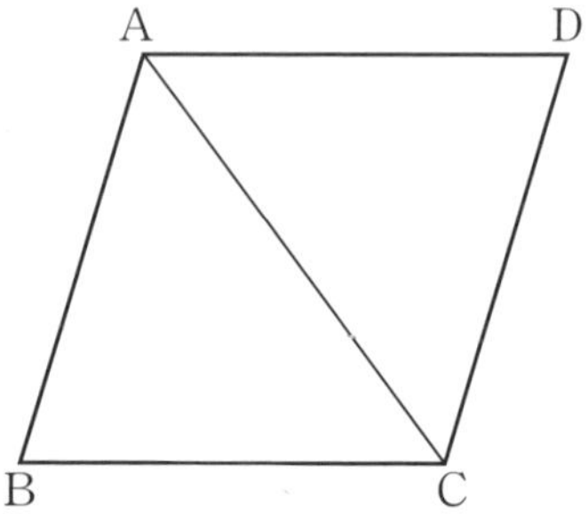

（証明）2点A，Cを結ぶ。△ABCと△CDAにおいて，四角形ABCDは平行四辺形で平行線の錯角（さっかく）は等しいから，

AD∥BCより，∠ACB＝∠□……①

AB∥DCより，∠BAC＝∠□……②，ACは共通……③

①，②，③より，□がそれぞれ等しいから，

△ABC≡△□

合同な図形の対応する辺の長さは等しいから，AB＝□，BC＝□

したがって，平行四辺形の2組の対辺はそれぞれ等しい。

2

1を使って，平行四辺形の性質②「平行四辺形の2組の対角はそれぞれ等しい」を，次のように証明した。□の中をうめなさい。　各3点

（証明）1より，△ABC≡△CDA

合同な図形の対応する角の大きさは等しいから，

∠B＝∠□

∠BAC＝∠□……①，∠ACB＝∠□……②

∠BAD＝∠BAC＋∠CAD，∠BCD＝∠ACB＋∠DCA……③

①，②，③より，∠BAD＝∠BCD

したがって，∠BAD＝∠BCD，∠B＝∠Dより，平行四辺形の2組の対角はそれぞれ等しい。

3 平行四辺形の性質①を使って，平行四辺形の性質③「平行四辺形の対角線はそれぞれの中点で交わる」を，次のように証明した。 ☐ の中をうめなさい。

各**4**点

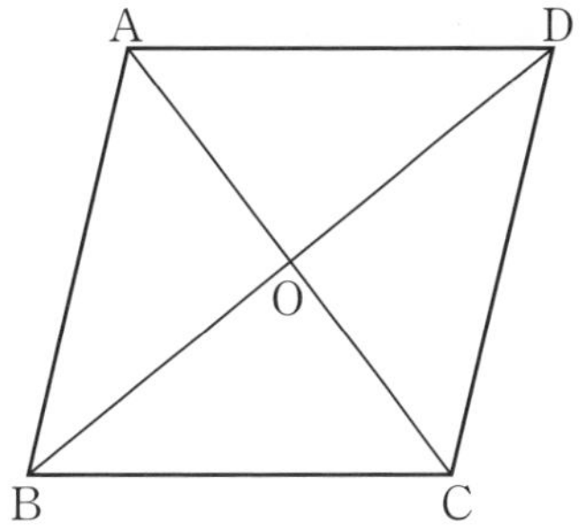

（証明） 右の図の▱ABCDで，対角線の交点をOとする。

△ABOと△CDOにおいて，

平行四辺形の性質①より，

$$\boxed{} = \boxed{} \qquad \cdots\cdots①$$

AB∥DC より，錯角は等しいから，

∠BAO＝∠DCO ……②

$$\angle \boxed{} = \angle \boxed{} \qquad \cdots\cdots③$$

①，②，③より，$\boxed{}$ がそれぞれ等しいから，

$$\triangle \boxed{} \equiv \triangle \boxed{}$$

よって，AO＝CO，BO＝DO

したがって，平行四辺形の対角線はそれぞれの中点で交わる。

4 右の図の平行四辺形ABCDで，辺AD，BCの中点をそれぞれM，Nとすると，AN＝CM となることを，平行四辺形の性質を使って，次のように証明した。 ☐ の中をうめなさい。

各**3**点

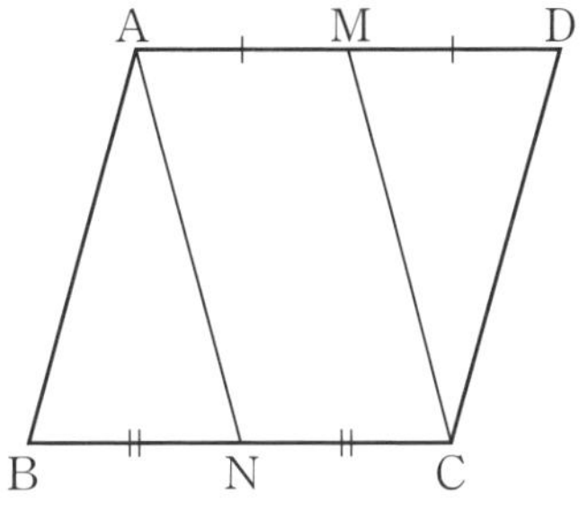

（証明） △ABNと△$\boxed{}$ において，平行四辺形

の対辺は等しい（平行四辺形の性質①）から，

$$\boxed{} = \boxed{} \qquad \cdots\cdots①$$

平行四辺形の対角は等しい（平行四辺形の性質②）から，

$$\angle \boxed{} = \angle \boxed{} \qquad \cdots\cdots②$$

$$BN = \frac{1}{2}\boxed{}, \quad DM = \frac{1}{2}\boxed{}$$

BC＝AD より，

$$\boxed{} = \boxed{} \qquad \cdots\cdots③$$

①，②，③より，$\boxed{}$ がそれぞれ等しいから，

$$\triangle \boxed{} \equiv \triangle \boxed{}$$

よって，AN＝CM

63

31 平行四辺形③

1 右の図の平行四辺形ABCDで，辺AB，DCの中点をそれぞれE，Fとするとき，AF＝CE になることを証明しなさい。 ・・・・・・・・・・ **25点**

ヒント　P.63の**4**を参考にする。

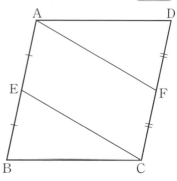

（証明）

2 右の図の平行四辺形ABCDで，対角線BD上に，BE＝DF となるように点E，Fをとる。このとき，AE＝CF となることを，次のように証明した。 □ の中をうめなさい。 ・・・・・・・・・・ 各**2点**

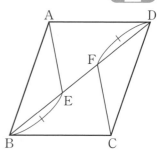

（証明）　△ABE と△CDF において，

平行四辺形の性質より，　□ ＝ □ ……①

AB∥DC より，錯角は等しいから，

　∠ □ ＝∠ □ ……②

仮定より，　□ ＝ □ ……③

①，②，③より，　□ がそれぞれ等しいから，

　△ □ ≡△ □

したがって，　□ ＝ □

できた！中2数学

中学基礎がため100%
教科書との内容対応表

※令和3年度の教科書からは、
こちらの対応表を使いましょう。

● この「教科書との内容対応表」の中から、自分の教科書の部分を切り取って、本書の3ページ「目次」の右の部分にはりつけ、勉強をするときのページ合わせに活用してください。

● この表の左側には、みなさんが使っている教科書の単元を示してあります。右側には、それらの単元に対応する「基礎がため100%」のページを示してあります。
できた！中2数学は「計算・関数」と「図形・データの活用」の2冊があり、それぞれのページが示してあります。

啓林館
未来へひろがる　数学2

教科書の内容	基礎がため100%のページ
1章 式の計算	計算・関数
1節 式の計算	4～19
2節 文字式の利用	20～23
2章 連立方程式	
1節 連立方程式	26～61
2節 連立方程式の利用	62～77
3章 一次関数	
1節 一次関数とグラフ	80～99
2節 一次関数と方程式	100～107
3節 一次関数の利用	108～109
4章 図形の調べ方	図形・データの活用
1節 平行と合同	4～27
2節 証明	28～33
5章 図形の性質と証明	
1節 三角形	40～59
2節 四角形	60～89
6章 場合の数と確率	
1節 場合の数と確率	92～111
7章 箱ひげ図とデータの活用	
1節 箱ひげ図	112～119

くもん出版

東京書籍
新しい数学2

教科書の内容　　　　　　　基礎がため100%の
　　　　　　　　　　　　　　　　　ページ

1章 式の計算　　　　　　　　　計算・関数

　1節 式の計算 ……………………… 4～19
　2節 文字式の利用 ………………… 20～23

2章 連立方程式

　1節 連立方程式とその解き方 …… 26～61
　2節 連立方程式の利用 …………… 62～77

3章 1次関数

　1節 1次関数
　2節 1次関数の性質と調べ方 } …………… 80～99
　3節 2元1次方程式と1次関数 ……… 100～107
　4節 1次関数の利用 ……………… 108～109

4章 平行と合同　　　　　　　図形・データの活用

　1節 説明のしくみ ………………… 12～19
　2節 平行線と角 …………………… 4～23
　3節 合同な図形 …………………… 24～37

5章 三角形と四角形

　1節 三角形 ………………………… 40～59
　2節 平行四辺形 …………………… 60～89

6章 確率

　1節 確率 …………………………… 92～107
　2節 確率による説明 ……………… 108～109

7章 データの比較

　1節 四分位範囲と箱ひげ図 ……… 112～119

学校図書
中学校数学 2

教科書の内容　　　　　　　基礎がため100%の
　　　　　　　　　　　　　　　　　ページ

1章 式の計算　　　　　　　　　計算・関数

　1 式の計算 ………………………… 4～17
　2 式の利用 ………………………… 18～23

2章 連立方程式

　1 連立方程式 ……………………… 26～61
　2 連立方程式の利用 ……………… 62～77

3章 1次関数

　1 1次関数 ………………………… 80～99
　2 方程式と1次関数
　3 1次関数の利用 } …………… 100～109

4章 図形の性質の調べ方　　　図形・データの活用

　1 いろいろな角と多角形 ………… 4～23
　2 図形の合同 ……………………… 24～37

5章 三角形・四角形

　1 三角形 …………………………… 40～59
　2 四角形 …………………………… 60～89

6章 確率

　1 確率 ……………………………… 92～111

7章 データの分布

　1 データの分布 …………………… 112～119

大日本図書
数学の世界 2

教科書の内容	基礎がため100%のページ
1章 式と計算	計算・関数
1節 式と計算	4～19
2節 式の利用	22～23
3節 関係を表す式	20～21
2章 連立方程式	
1節 連立方程式	26～61
2節 連立方程式の解き方	
3節 連立方程式の利用	62～77
3章 1次関数	
1節 1次関数	80～99
2節 方程式とグラフ	100～107
3節 1次関数の利用	108～109
4章 平行と合同	図形・データの活用
1節 角と平行線	4～23
2節 図形と合同	24～37
5章 三角形と四角形	
1節 三角形	40～59
2節 四角形	60～89
3節 三角形や四角形の性質の利用	
6章 データの比較と箱ひげ図	
1節 箱ひげ図	112～119
2節 箱ひげ図の利用	
7章 確率	
1節 確率	92～111
2節 確率の利用	

教育出版
中学数学2

教科書の内容	基礎がため100%のページ
1章 式の計算	計算・関数
1節 式の計算	4～19
2節 式の活用	20～23
2章 連立方程式	
1節 連立方程式とその解き方	26～61
2節 連立方程式の活用	62～77
3章 1次関数	
1節 1次関数	80～99
2節 1次関数と方程式	100～107
3節 1次関数の活用	108～109
4章 平行と合同	図形・データの活用
1節 平行線と角	4～23
2節 合同と証明	24～37
5章 三角形と四角形	
1節 三角形	40～59
2節 四角形	60～89
3節 三角形と四角形の応用	
6章 確率	
1節 確率	92～111
7章 データの分析	
1節 データの散らばり	112～119
2節 データの活用	

数研出版
これからの数学 2

教科書の内容	基礎がため100%の ページ
1章 式の計算	計算・関数
1 式の計算	4〜19
2 文字式の利用	20〜23
2章 連立方程式	
1 連立方程式	26〜61
2 連立方程式の利用	62〜77
3章 1次関数	
1 1次関数	80〜99
2 1次関数と方程式	100〜107
3 1次関数の利用	108〜109

4章 図形の性質と合同	図形・データの活用
1 平行線と角	4〜23
2 三角形の合同	24〜27
3 証明	28〜33
5章 三角形と四角形	
1 三角形	40〜59
2 四角形	60〜89
6章 データの活用	
1 データの散らばり	
2 データの傾向と調査	112〜119
7章 確率	
1 確率	92〜111

日本文教出版
中学数学2

教科書の内容	基礎がため100%の ページ
1章 式の計算	計算・関数
1節 文字式の計算	4〜19
2節 文字式の活用	20〜23
2章 連立方程式	
1節 連立方程式	26〜61
2節 連立方程式の活用	62〜77
3章 1次関数	
1節 1次関数	80〜99
2節 1次方程式と1次関数	100〜107
3節 1次関数の活用	108〜109

4章 図形の性質と合同	図形・データの活用
1節 角と平行線	4〜23
2節 三角形の合同と証明	24〜37
5章 三角形と四角形	
1節 三角形	40〜59
2節 平行四辺形	60〜89
6章 データの分布と確率	
1節 データの分布の比較	112〜119
2節 場合の数と確率	92〜111

3 右の図の平行四辺形ABCDで，対角線の交点Oを通る1本の直線をひき，辺AD，BCとの交点をそれぞれE，Fとする。このとき，EO＝FOとなることを証明したい。次の問いに答えなさい。 ……………………… (1) **6**点 (2) 各**2**点

(1) 問題文にあうように，右の図に線分をかき加えなさい。

(2) □ の中をうめて，証明を完成させなさい。

（証明） △AOEと△COFにおいて，

平行四辺形の対角線はそれぞれの中点で交わるから，

□ ＝ □ ……①

AD∥BC より，錯角は等しいから，

∠ □ ＝∠ □ ……②

対頂角は等しいから， ∠ □ ＝∠ □ ……③

①，②，③より， □ がそれぞれ等しいから，

△ □ ≡△ □

よって， □ ＝ □

4 右の図の平行四辺形ABCDで，対角線の交点Oを通る1本の直線をひき，辺AB，DCとの交点をそれぞれP，Qとする。このとき，PO＝QOとなることを証明しなさい。 ……………………… **25**点

（証明）

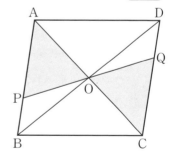

ヒント 色のついた三角形の合同を証明する。**3**を参照。

●**Memo**覚えておこう●

●**平行四辺形になるための条件**

四角形は，次の①～⑤のうちのどれかが成り立つとき，平行四辺形である。

① **2組の対辺がそれぞれ平行である。（平行四辺形の定義）**

② **2組の対辺がそれぞれ等しい。**

③ **2組の対角がそれぞれ等しい。**　　（平行四辺形の性質）

④ **対角線がそれぞれの中点で交わる。**

⑤ **1組の対辺が平行でその長さが等しい。**

1 次の(1)～(5)は，四角形ABCDが平行四辺形になるための条件を，記号を使って表したものである。次の□□□の中をうめなさい。また，その条件は，上の①～⑤のどれにあたるか，〔　〕に①～⑤の番号で答えなさい。…… □□□, 〔 〕各**2**点

(1)　AB∥DC，AB＝□□□　　　〔　　　〕

(2)　∠A＝□□□，∠B＝□□□　〔　　　〕

(3)　AB＝□□□，BC＝□□□　　〔　　　〕

(4)　AB∥□□□，AD∥□□□　　〔　　　〕

(5)　対角線AC，BDの交点をOとするとき

　　AO＝□□□，BO＝□□□　　〔　　　〕

```
A          D
  \        |
   \       |
    \      |
B     \    C
```

2 次の四角形ABCDで，いつでも平行四辺形になるといえるものには○を，いえないものには×を，〔　〕の中に書きなさい。…… 各**3**点

(1)　AB＝3cm，BC＝7cm，CD＝7cm，DA＝3cm

　　　　　　　　　　　　　　　　　〔　　　〕

(2)　∠B＝60°，∠C＝120°，AB＝4cm，CD＝4cm

　　　　　　　　　　　　　　　　　〔　　　〕

(3)　∠A＝75°，∠C＝105°，BC＝3cm，CD＝3cm

　　　　　　　　　　　　　　　　　〔　　　〕

(4)　対角線AC，BDの交点をOとするとき，

　　AO＝7cm，CO＝7cm，BO＝4cm，DO＝4cm

　　　　　　　　　　　　　　　　　〔　　　〕

3 右の図の四角形ABCDで，AB＝DC，AD＝BC ならば，四角形ABCDは平行四辺形であることを，次のように証明した。☐の中をうめなさい。 **各3点**

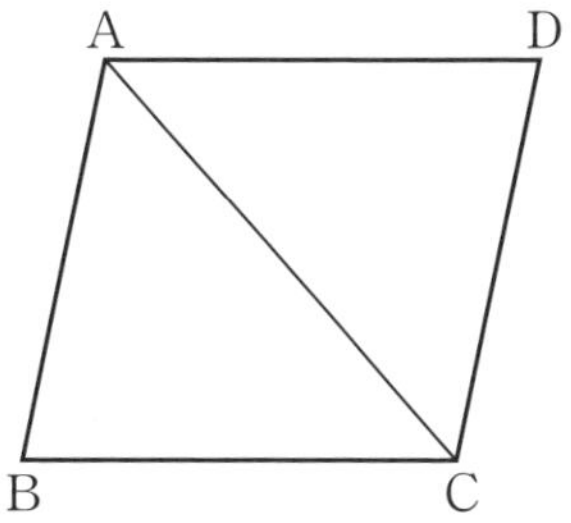

（考え方） 平行四辺形であることを証明するためには，定義である「2組の対辺がそれぞれ平行である」をいえばよい。対角線ACをひいてできる2つの三角形の合同から，錯角が等しいことをいう。

（証明） 対角線ACをひく。

△ABCと△☐☐☐ において，

仮定より，AB＝☐☐☐ ……①，BC＝☐☐☐ ……②

また，☐☐☐ は共通……③

①，②，③より，☐☐☐☐☐☐☐ がそれぞれ等しいから，

△☐☐☐ ≡△☐☐☐

よって，∠BAC＝∠☐☐☐ より，錯角が等しいから，AB∥DC

∠ACB＝∠☐☐☐ より，錯角が等しいから，AD∥BC

2組の対辺がそれぞれ平行であるから，四角形ABCDは平行四辺形である。

4 右の図の四角形ABCDで，AD∥BC，AD＝BC ならば，四角形ABCDは平行四辺形であることを，次のように証明した。☐の中をうめなさい。 **各3点**

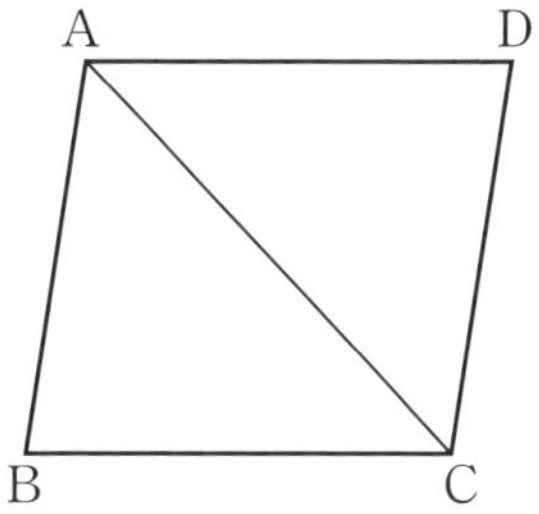

（証明） 対角線ACをひく。△ABCと△☐☐☐ に

おいて，仮定より，☐☐☐ ＝☐☐☐ ……①

AD∥BC より，錯角は等しいから，

∠☐☐☐ ＝∠☐☐☐ ……②，ACは共通……③

①，②，③より，☐☐☐☐☐☐☐ がそれ

ぞれ等しいから，△☐☐☐ ≡△☐☐☐

合同な図形の対応する角の大きさは等しいから，∠☐☐☐ ＝∠☐☐☐

錯角が等しいから，AB∥DC

したがって，AB∥DC，AD∥BCより，☐☐☐☐☐☐☐ から，

四角形ABCDは平行四辺形である。

注意 ③は平行四辺形になるための条件②，④は平行四辺形になるための条件⑤の証明になっている。

33 平行四辺形になるための条件②

月　　日　　　点

●**Memo** 覚えておこう●

●**平行四辺形になるための条件**

四角形は，次の①～⑤のうちのどれかが成り立つとき，平行四辺形である。

①　　2組の対辺がそれぞれ平行である。（平行四辺形の定義）

②　　2組の対辺がそれぞれ等しい。

③　　2組の対角がそれぞれ等しい。　　　　（平行四辺形の性質）

④　　対角線がそれぞれの中点で交わる。

⑤　　1組の対辺が平行でその長さが等しい。

1　右の図の平行四辺形ABCDで，辺AB，BC，CD，DAの中点をそれぞれE，F，G，Hとするとき，四角形EFGHは平行四辺形であることを，次のように証明した。□□の中をうめなさい。・・・・・・ 各**3**点

（証明）　△AEHと△□□において，

$AH = \frac{1}{2}AD$, $CF = \frac{1}{2}BC$, $AD = BC$ より，

$AH = $ □□ ・・・・・・①

$AE = \frac{1}{2}AB$, $CG = \frac{1}{2}DC$, $AB = DC$ より，

$AE = $ □□ ・・・・・・②

平行四辺形の対角は等しいから，

$\angle EAH = \angle$ □□ ・・・・・・③

①，②，③より，□□がそれぞれ等しいから，

△□□ ≡ △□□　よって，EH = □□

同様にして，△EBF ≡ △□□ であるから，□□ = □□

したがって，EH = GF，EF = GH より，□□から，

四角形EFGHは平行四辺形である。

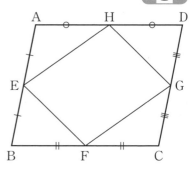

ヒント　平行四辺形になるための条件②を使う。

2 右の図の平行四辺形ABCDにおいて，頂点A，Cから対角線BDにひいた垂線をそれぞれAE，CFとするとき，次の問いに答えなさい。 ………… 各**4**点

(1) 問題文にあうように，右の図に線分をかき加えなさい。

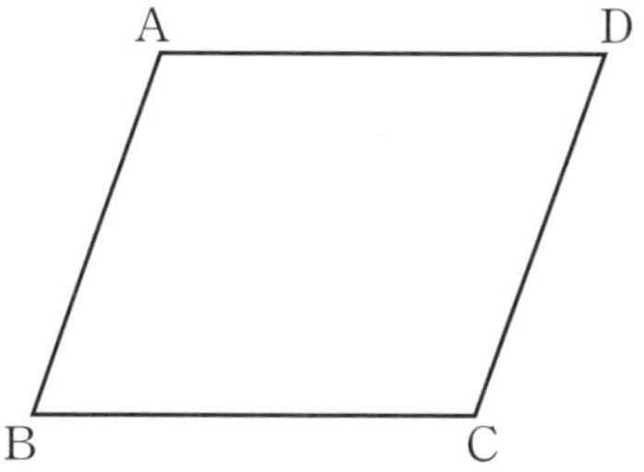

(2) 点Aと点F，点Cと点Eをそれぞれ結んでできる四角形AECFは平行四辺形になる。このことを，次のように証明した。□の中をうめなさい。

(証明) △ABEと△ □ において，

平行四辺形の対辺は等しいから， □ ＝ □ ……①

仮定より， ∠ □ ＝∠ □ ＝90° ……②

AB∥DC より，錯角は等しいから， ∠ □ ＝∠ □ ……③

①，②，③より， □ がそれぞれ等しいから，

△ □ ≡△ □ よって，AE＝CF

また，AE⊥BD，CF⊥BD より，∠AEF＝∠CFE＝90°

錯角が等しいから，AE∥ □

したがって，AE∥CF，AE＝CF より， □ から，
四角形AECFは平行四辺形である。

3 右の図の平行四辺形ABCDで，2つの対角線ACとBDの交点をOとし，対角線BD上に2点E，FをEO＝FO となるようにとる。このとき，できる四角形AECFは平行四辺形になることを，次のように証明した。□の中をうめなさい。
………………………………………………………………………… 各**4**点

(証明) 平行四辺形の対角線はそれぞれの中点で交わり，点Oは，平行四辺形ABCDの対角線の交点だから，

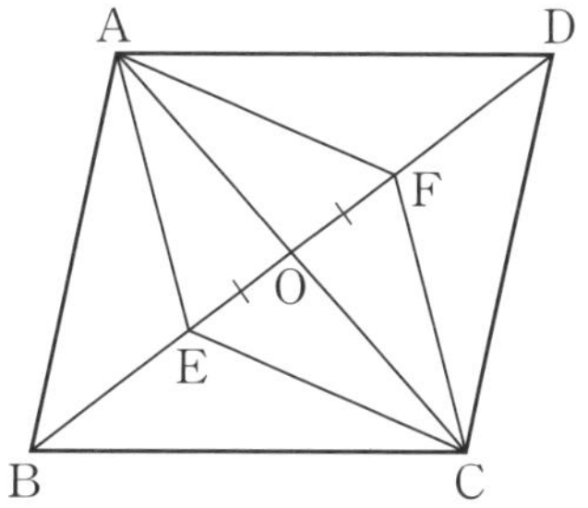

AO＝ □ ……①

仮定より， □ ＝ □ ……②

①，②より， □ から，
四角形AECFは平行四辺形である。

69

34 長方形

●**Memo**覚えておこう●

- ●**長方形の定義**…… **4つの角がすべて等しい四角形を長方形という。**
- ●**長方形の性質**……**長方形の対角線の長さは等しい。**

1 右の図の長方形ABCDで，Oは対角線の交点である。CO＝5cm，∠DAC＝40°のとき，次の問いに答えなさい。 ……………………… 各**6**点

(1) ∠OABの大ききを求めなさい。

[　　　　　　]

(2) ∠ADOの大きさを求めなさい。

[　　　　　　]

(3) 線分BOの長さを求めなさい。

[　　　　　　]

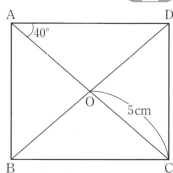

2 次の文は，長方形について述べたものである。□の中をうめなさい。
……………………… 各**6**点

　長方形は，4つの□□□□がすべて等しいから，長方形の2組の□□□□はそれぞれ等しい。2組の対角がそれぞれ等しい四角形は□□□□□□であるから，長方形は平行四辺形である。

　右の図の長方形ABCDで，
　　∠ABC＝∠DCB＝90°
　平行四辺形の対辺は等しいから，AB＝DC
　　BCは共通

より，△ABC≡△□□□□がいえ，これより，

AC＝DB が導かれ，長方形の□□□□の長さは等しいことが示された。

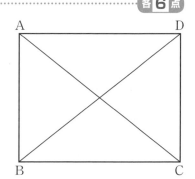

3 右の図の平行四辺形ABCDで，対角線の長さが等しい平行四辺形は長方形であることを，次のように証明した。◻の中をうめなさい。 ……………… 各**4**点

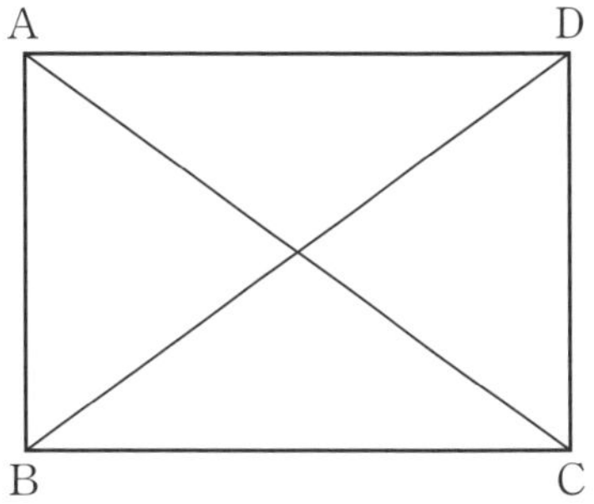

▱ABCDで，AC＝BDとする。

△ABCと△DCBにおいて，

平行四辺形の対辺は等しいから，

AB＝◻ ……①

仮定より，AC＝◻ ……②

◻ は共通……③

①，②，③より，◻ がそれぞれ等しいから，

△ABC≡△DCB

よって，∠ABC＝∠◻ ……④

四角形ABCDは平行四辺形だから，

∠ABC＝∠ADC，∠DCB＝∠◻ ……⑤

④，⑤より，4つの◻ が等しいから，平行四辺形ABCDは長方形である。

4 右の図のように，平行四辺形ABCDの4つの角の二等分線が交わってできる四角形をEFGHとする。次の問いに答えなさい。 ……………………………… 各**6**点

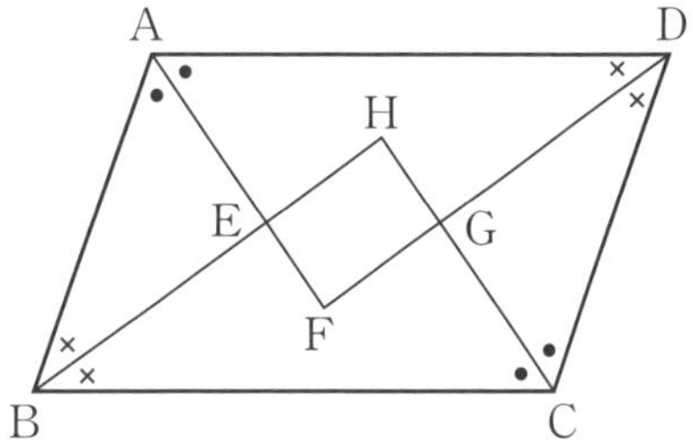

(1) ∠BAD＋∠ABC の大きさを求めなさい。

[   ]

(2) ∠EAB＋∠ABE の大きさを求めなさい。

[   ]

(3) ∠HEF の大きさを求めなさい。

[   ]

(4) 四角形EFGHはどんな四角形になるか答えなさい。

ヒント BH∥DF，AF∥CH，および(3)の結果から考える。

[   ]

35 ひし形

●**Memo**覚えておこう●

●**ひし形の定義**……**4つの辺がすべて等しい四角形をひし形という。**

●**ひし形の性質**……**ひし形の対角線は垂直に交わる。**

1 右の図のひし形ABCDで，Oは対角線の交点である。AD＝5cm，
AO＝3cm，DO＝4cmのとき，次の問いに答えなさい。　各**5**点

(1) 辺ABの長さを求めなさい。

[　　　　　　　　]

(2) 線分BOの長さを求めなさい。

[　　　　　　　　]

(3) ∠AOBの大きさを求めなさい。

[　　　　　　　　]

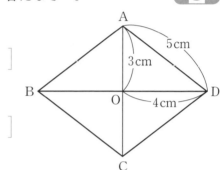

2 次の文は，ひし形について述べたものである。□□の中をうめなさい。

各**5**点

　ひし形は，4つの[　　　]が等しいから，ひし

形の2組の[　　　]はそれぞれ等しい。2組の

対辺がそれぞれ等しい四角形は[　　　　　]で

あるから，ひし形は平行四辺形である。

　右の図のひし形ABCDで，

　　AB＝AD

　　平行四辺形の対角線はそれぞれの中点で交わるから，BO＝DO

　　AOは共通

より，△ABO≡△ADOがいえ，これより，

　　∠AOB＝∠AOD＝[　　　]°。

　よって，AC⊥[　　　]が導かれ，ひし形の[　　　　]は垂直に交わることが示された。

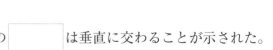

3 右の図のように，平行四辺形ABCDの対角線が垂直に交わるとき，平行四辺形
ABCDはひし形であることを，次のように証明した。　　　の中をうめなさい。

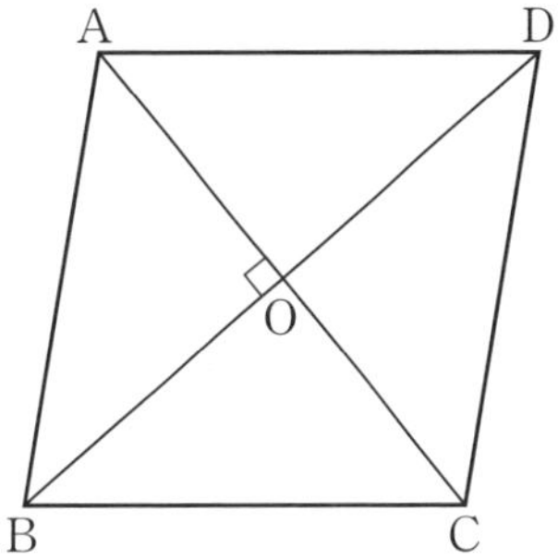

（考え方）　AB＝AD であることがいえれば，平行四
　辺形の性質から，AB＝BC＝CD＝DA がいえる。

（証明）　対角線の交点をOとする。

　△AOBと△AODにおいて，

　仮定より，

　　　　∠AOB＝∠ 　　　　 ＝90°……①

　平行四辺形の対角線はそれぞれの中点で交わるから，

　　　BO＝ 　　　 ……②

　　　AOは共通……③

　①，②，③より， 　　　　　　　　　がそれぞれ等しいから，

　　　△AOB≡△ 　　　　　　よって，AB＝ 　　　

　平行四辺形の対辺は等しいから，平行四辺形ABCDの4辺は等しい。

　よって，平行四辺形ABCDはひし形である。

4 右の図のように，ひし形ABCDの頂点Aから辺BC，CDにそれぞれ垂線AE，
AFをひくとき，BE＝DF となることを，次のように証明した。　　　の中を
うめなさい。

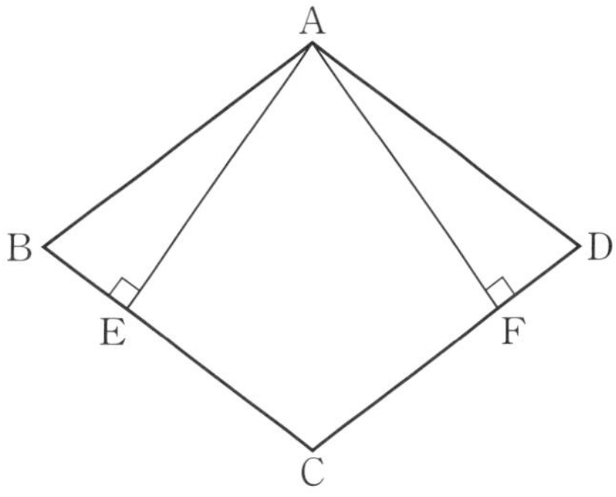

（考え方）　△ABE と△ADF の合同を示す。

（証明）　△ABE と△ADF において，

　仮定より，

　　　　∠AEB＝∠ 　　　　 ＝90°……①

　ひし形の対角は等しいから，

　　　∠ABE＝∠ADF ……②

　ひし形の定義より，

　　　AB＝ 　　　 ……③

　①，②，③より 　　　　　　　　　がそれぞれ等しいから，

　　　△ 　　　 ≡△ 　　　 　　　よって，BE＝

36 正方形

> ●**Memo** 覚えておこう●
>
> ●**正方形の定義**…… **4つの角がすべて等しく，4つの辺がすべて等しい四角形を正方形という。**
> ●**正方形の性質**…… **対角線の長さが等しく，垂直に交わる。**

1 次の文は，正方形について述べたものである。 ☐ の中をうめなさい。

各**5**点

正方形は，4つの ☐ がすべて等しいという長方形の性質と，4つの ☐ がすべて等しいというひし形の性質をもつから，正方形は，平行四辺形の特別な形である。

正方形の ☐ の長さは等しく， ☐ に交わる。

2 右の図のA～Dの四角形について，次の問いに記号で答えなさい。 …各**5**点

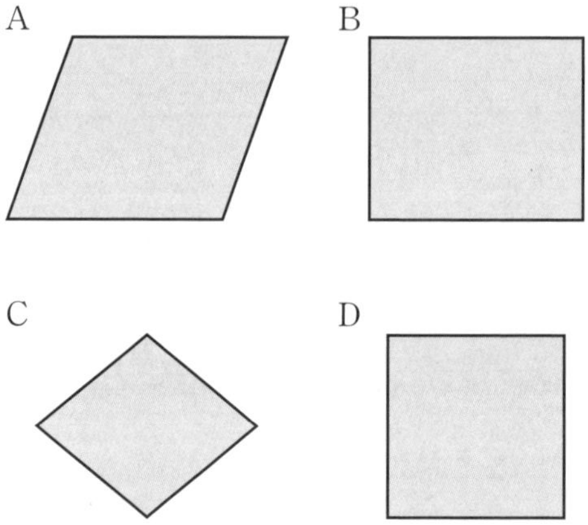

(1) 4つの辺がすべて等しい四角形をすべて答えなさい。

[　　　　　　]

(2) 対角線の長さが等しい四角形をすべて答えなさい。

[　　　　　　]

(3) 対角線が垂直に交わる四角形をすべて答えなさい。

[　　　　　　]

A　　　　　　　　B

C　　　　　　　　D

(4) 四角形Dは，四角形Bと四角形Cの両方の性質をもっている。辺と角に関するその性質を答えなさい。

[　　　　　　　　　　　　　　　　　　　]

> **ポイント**
>
> 正方形は，長方形（4つの角がすべて等しく，対角線の長さが等しい。）と，ひし形（4つの辺がすべて等しく，対角線が垂直に交わる。）の両方の性質をもつ。

3 右の図の正方形ABCDで，Oは対角線の交点で，BD＝6cm である。次の問いに答えなさい。 **各5点**

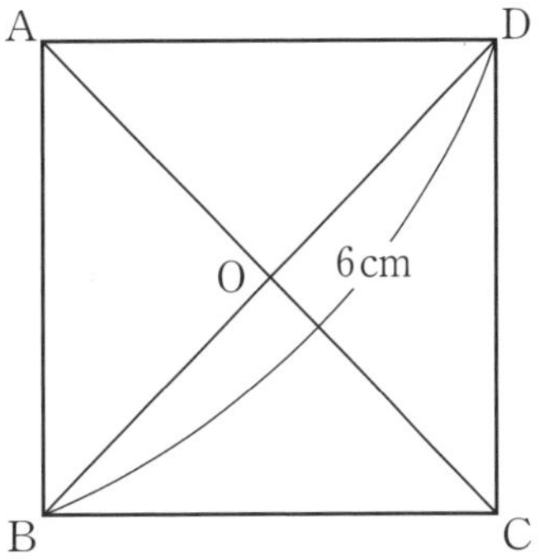

(1) ∠AODの大きさを求めなさい。

[   ]

(2) ∠BAOの大きさを求めなさい。

[   ]

(3) 線分AOの長さを求めなさい。

[   ]

A　　　　　　D

O　6cm

B　　　　　　C

4 右の図のように，正方形ABCDの頂点Cと，正方形EFGHの対角線の交点が一致している。このとき，BF＝DE であることを，次のように証明した。 □ の中をうめなさい。 **各5点**

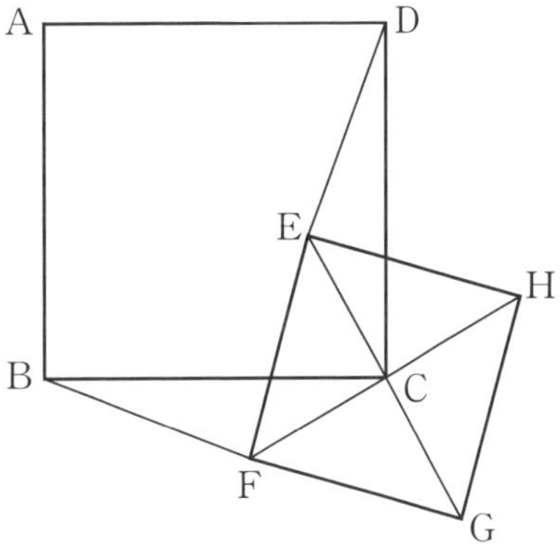

（考え方）　はじめに，△BCFと△[   ]の合同を示す。

（証明）　△BCFと△[   ]において，四角形ABCDは正方形だから，

BC＝[   ]……①

正方形の対角線は長さが等しく，それぞれの中点で交わるから，CF＝[   ]……②

また，対角線は垂直に交わるから，

∠[   ]＝90°－∠BCE ……③

∠DCE＝90°－∠[   ]……④

③，④より，∠BCF＝∠DCE ……⑤

①，②，⑤より，[   ]がそれぞれ等しいから，

△BCF≡△[   ]

よって，BF＝[   ]

A　　　　D

E

H

B　　　　　　C

F

G

37 長方形，ひし形，正方形になるための条件

ポイント

長方形，ひし形，正方形は，すべて平行四辺形の
特別な形であり，これらの四角形は平行四辺形の
性質をもつ。逆にいえば，平行四辺形にある条件
を加えると，長方形や，ひし形や，正方形になる。

1 下の図は，平行四辺形にどのような条件を加えれば，長方形や，ひし形になる
かを表したものである。図の ☐ にあてはまる条件を，下の⑦〜⑤から選び，
記号で書きなさい。 各**5**点

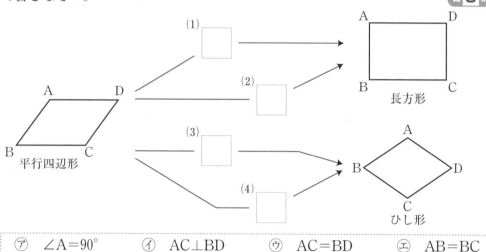

⑦ ∠A＝90°　　④ AC⊥BD　　⑦ AC＝BD　　⑤ AB＝BC

2 下の図は，平行四辺形にどのような条件を2つ加えれば正方形になるかを表し
たものである。図を参考にして， ☐ にあてはまる条件を，下の⑦〜⑤から
選び，記号で書きなさい。 各**5**点

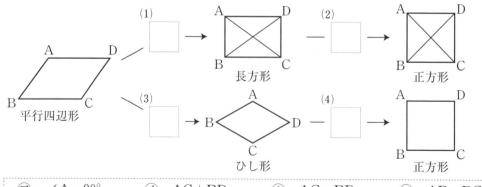

⑦ ∠A＝90°　　④ AC⊥BD　　⑦ AC＝BD　　⑤ AB＝BC

76

3 次の(1)～(4)の図は，ある四角形の対角線だけをかいたものである。それぞれどんな四角形の対角線であるかを，平行四辺形，長方形，ひし形，正方形の中から1つ選びなさい。ただし，どの四角形も一度しか選べないものとする。 …各**6**点

(1)

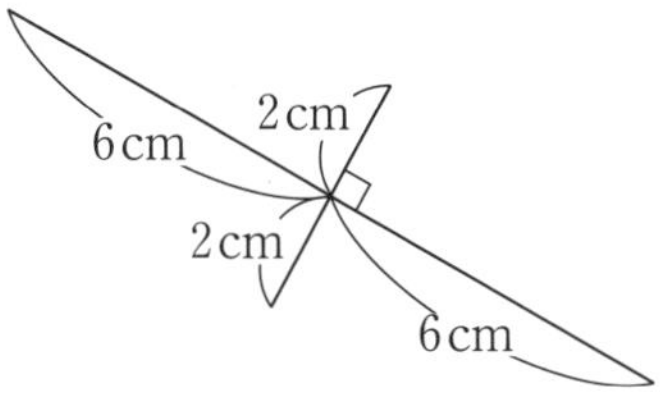

2cm
6cm
2cm
6cm

(2)

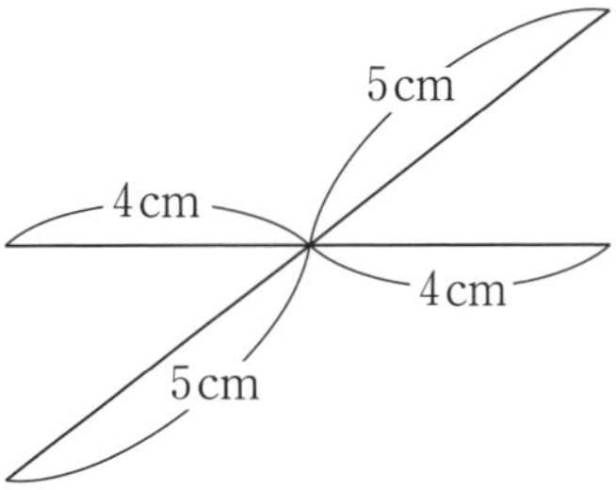

5cm
4cm
4cm
5cm

[　　　　　]　　　　　　[　　　　　]

(3)

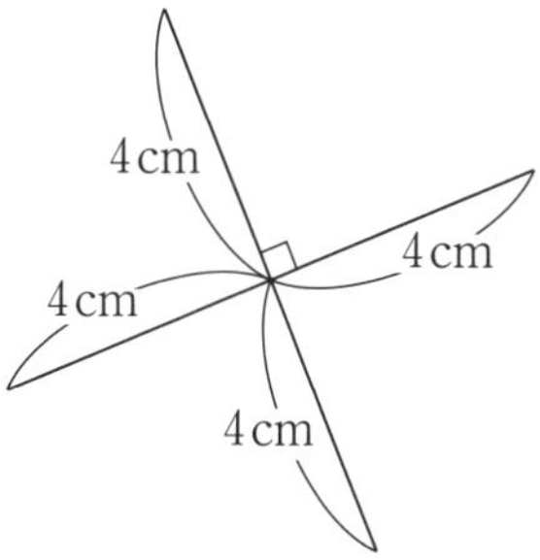

4cm
4cm
4cm
4cm

(4)

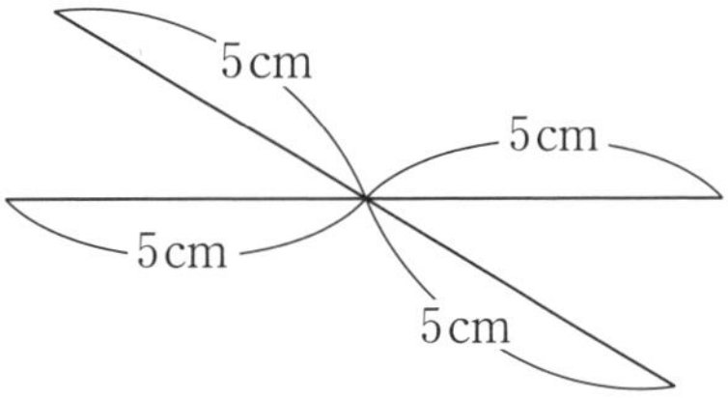

5cm
5cm
5cm
5cm

[　　　　　]　　　　　　[　　　　　]

4 次の四角形に関することがらで，正しいものには○を，正しくないものには×を，[　]の中に書きなさい。 ……各**6**点

(1) 正方形はひし形である。……………………………………………[　　　]

(2) ひし形は長方形である。……………………………………………[　　　]

(3) 長方形は正方形である。……………………………………………[　　　]

(4) 長方形もひし形も平行四辺形である。…………………………[　　　]

(5) 正方形は，長方形であり，ひし形であり，平行四辺形でもある。………[　　　]

(6) 長方形でもなく，ひし形でもない四角形は，平行四辺形ではない。………[　　　]

38 平行線と面積①

月　　　日　　　　点　　答えは別冊21ページ

1 右の図で，$\ell // m$，∠ABC＝90°，AB＝8cm，BC＝10cm である。次の問いに答えなさい。 ……………………………… 各**10**点

(1) △ABCの面積を求めなさい。

[　　　　　]

(2) △PBCにおいて，辺BCを底辺とするときの高さを求めなさい。

[　　　　　]

(3) △ABCと△PBCは面積が等しいといえるか答えなさい。

[　　　　　]

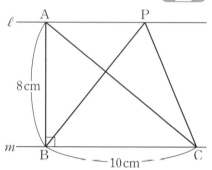

●Memo 覚えておこう●

●平行線と面積
辺BCを共通の底辺とする△ABCと△A′BCにおいて，AA′//BC ならば，△ABCと△A′BCの面積は等しい。

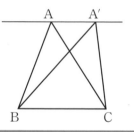

---

2 右の図で，$\ell // m$ である。次のとき，△ABCと△DEFの面積の比を求めなさい。
……………………………… 各**10**点

(1) BC＝3cm，EF＝6cm のとき

[　　　　　]

> **ヒント** $\ell // m$ だから，BC，EFを底辺とみると，2つの三角形の高さは等しく，三角形の面積の比は底辺の比に等しい。

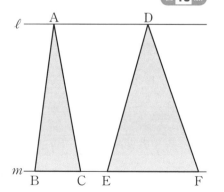

(2) BC＝8cm，EF＝12cm のとき

[　　　　　]

3 右の図の四角形ABCDは，AD∥BC の台形である。次の問いに答えなさい。

(1) △ABCと面積が等しい三角形を答えなさい。

[　　　　　]

(2) △ABDと面積が等しい三角形を答えなさい。

[　　　　　]

(3) △ABOと面積が等しい三角形を答えなさい。

ヒント △ABO＝△ABD－△AOD

[　　　　　]

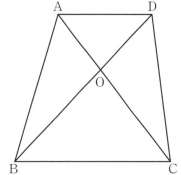

4 右の図の△ABCの面積は40cm²で，BD＝4cm，DC＝6cmである。このとき，△ABDの面積を次のように求めた。□の中をうめなさい。

△ABDの底辺をBD，△ADCの底辺をDCとみると，2つの三角形の高さは等しく，三角形の面積の比は底辺の比に等しい。

△ABD：△ADC＝□：□

$$△ABD＝40×\frac{□}{2+3}$$

$$＝□（cm^2）$$

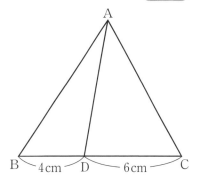

5 右の図の△ABCの面積は24cm²で，Dは辺ACの中点，BE：EC＝1：2である。このとき，次の三角形の面積を求めなさい。

(1) △BDC

[　　　　　]

(2) △BDE

[　　　　　]

(3) △DEC

[　　　　　]

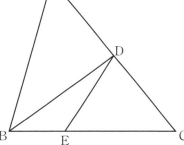

平行線と面積②

1 下の図の四角形ABCDと面積の等しい三角形ABEを，次の手順にしたがって作図しなさい。 **20点**

①　対角線ACをひく。

②　点Dを通り，対角線ACに平行な直線をひき，辺BCの延長との交点をEとする。

③　点AとEを結ぶと，△DAC＝△EAC だから，四角形ABCDと面積の等しい三角形ABEができる。

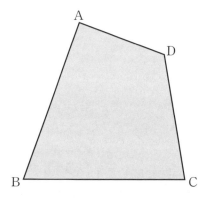

2 下の図のように，折れ線ABCで2つの部分に分かれている四角形PQRSがある。点Aを通り，2つの部分の面積を変えないような直線を作図しなさい。 **20点**

ヒント 辺QR上に点Tをとり，△ACBと同じ面積になる△ACTを考える。

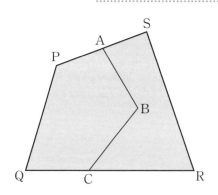

3 右の図の△ABCで，Dは辺AB上の点である。次の問いに答えなさい。

各**10**点

(1) 辺BC上に点Eをとって，
△ABCの面積を2等分する線分
AEを作図しなさい。

(2) 辺BC上に点Fをとって，
△ABCの面積を2等分する線分
DFを作図しなさい。

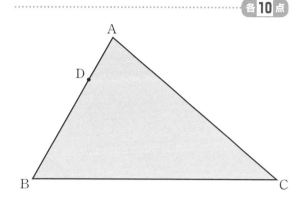

4 下の図で，AD∥BCの台形ABCDの辺BC上に点Mをとり，台形ABCDの面積を2等分する線分AMを作図しなさい。

20点

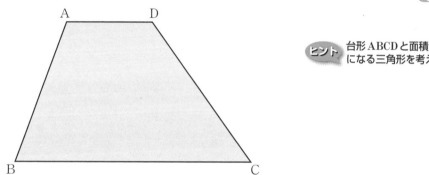

ヒント　台形ABCDと面積が同じになる三角形を考える。

5 右の図の平行四辺形ABCDで，対角線BDに平行な直線をひき，辺BC，CDとの交点をそれぞれE，Fとするとき，△ABEと△AFDの面積が等しいことを，次のように証明した。□の中をうめなさい。

各**5**点

（証明）　AD∥BCより，BEを底辺と
すると，高さが等しいから，

　　△ABE＝△□　　……①

BD∥EFより，BDを底辺とすると，

　　△DBE＝△□　　……②

AB∥DCより，DFを底辺とすると，

　　△□＝△□　　……③

①，②，③より，△ABE＝△AFD

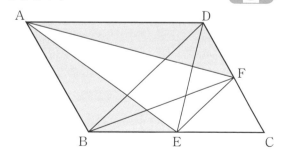

40 平行線と面積③

1 下の図の五角形ABCDEと面積の等しい三角形を作図しなさい。ただし，作図する三角形は，点Aを頂点の１つとする三角形にしなさい。 ………… **15点**

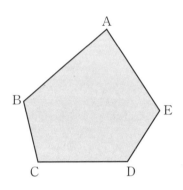

2 右の図の平行四辺形ABCDで，辺BC上に点Eをとり，直線AEと辺DCの延長との交点をFとする。このとき，△BEFと△DECの面積が等しいことを，次のように証明した。□の中をうめなさい。 ………… 各**5**点

（証明）　AD∥BC より，ECを底辺とすると，

高さが等しいから，

$$△DEC=△\boxed{} \quad\cdots\cdots①$$

AB∥DC より，FCを底辺とすると，

$$△AFC=△\boxed{} \quad\cdots\cdots②$$

ここで，△BEF＝△BFC－△EFC

$$△AEC=△\boxed{}-△EFC$$

②より，$△BEF=△\boxed{} \quad\cdots\cdots③$

①，③より，$△BEF=△\boxed{}$

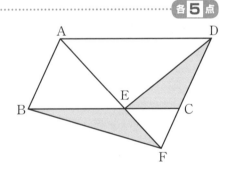

③ 右の図の平行四辺形ABCDで，頂点Aを通る直線と辺CDの交点をP，直線APと辺BCの延長との交点をQとする。このとき，△BCPと△DPQの面積が等しいことを証明しなさい。 ·················· **20点**

(証明)

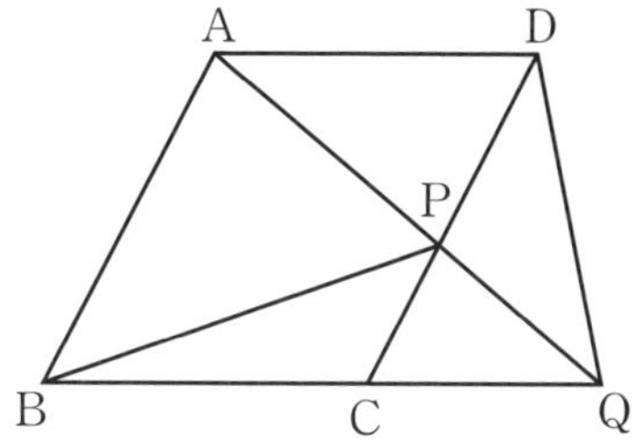

④ 右の図の長方形ABCDで，各辺の中点をL，M，N，Kとし，長方形の内部の点Pとこの各中点を結ぶ。長方形ABCDは4つの四角形に分割でき，それぞれの四角形の面積は図のようになった。1つだけ面積のわからない四角形PMCNの面積を，次のように求めた。□の中をうめなさい。 ·················· **各5点**

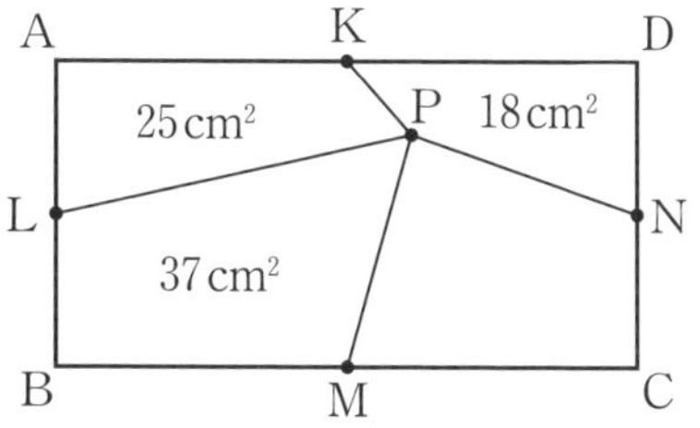

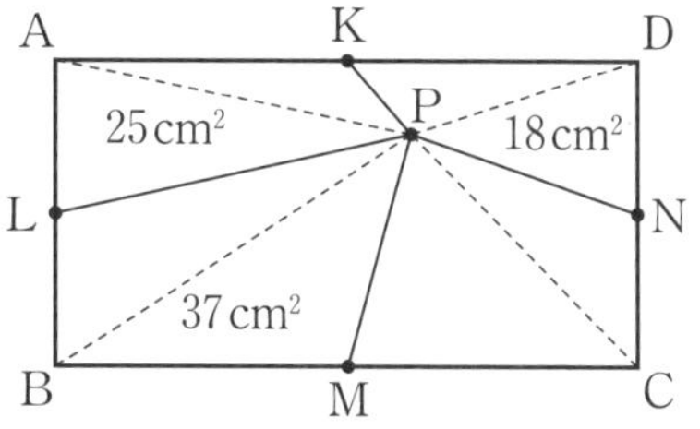

点Pと各頂点を結ぶ補助線をひくと，

$\triangle PAL = \triangle PBL$，$\triangle PBM = \triangle$ ◻

$\triangle PCN = \triangle PDN$，$\triangle PDK = \triangle$ ◻

これより，△PBM＝四角形PLBM－△PBL

＝四角形PLBM－△PAL

同様に，△PDN＝四角形PNDK－△PDK＝四角形PNDK－△ ◻

よって，

四角形PMCN＝△PCM＋△PCN＝△PBM＋△ ◻

＝四角形PLBM＋四角形 ◻ －（△PAL＋△ ◻ ）

＝37＋18－ ◻ ＝ ◻ （cm²）

四角形のまとめ①

1 下の図の平行四辺形ABCDで，a，b，cの値と，$\angle x$，$\angle y$，$\angle z$の大きさを求めなさい。 ―――――――――― [ ] 各**4**点

(1)
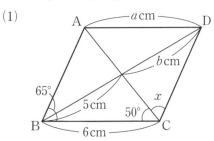

(2)
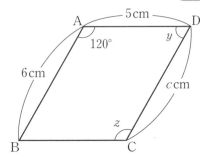

$a \left[\right]$ 　　　　$c \left[\right]$

$b \left[\right]$ 　　　　$\angle y \left[\right]$

$\angle x \left[\right]$ 　　　　$\angle z \left[\right]$

2 次の(1)～(4)は，四角形ABCDが平行四辺形になるための条件を記号で書いたものである。それぞれの場合で不足している条件を書き加えなさい。(3)，(4)は2通り答えなさい。 ――――――― [ ] 各**3**点

(1)　$\angle A = \angle C$

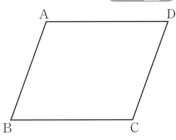

$\left[\right]$

(2)　AC，BDの交点をOとするとき，AO＝CO

$\left[\right]$

(3)　AB＝CD

$\left[\right] \left[\right]$

(4)　AD∥BC

$\left[\right] \left[\right]$

3 次のような四角形の名前を答えなさい。 ―――――――― 各**5**点

(1)　対角線の長さが等しい平行四辺形 　　　　$\left[\right]$

(2)　となりあう辺が等しい平行四辺形 　　　　$\left[\right]$

4 右の図の長方形ABCDで，Oは対角線の交点である。次の問いに答えなさい。

(1) ∠BDC＝55°のとき，∠CADの大きさを求めなさい。 [   ]

(2) OC＝5cmのとき，対角線BDの長さを求めなさい。 [   ]

(3) 四角形ABCDが正方形であるとき，∠BACの大きさを求めなさい。 [   ]

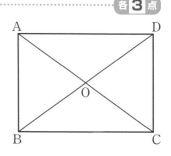

5 右の図のように，ひし形ABCDで，BE＝DF となるように点E，Fをとるとき，AE＝AF となることを，次のように証明した。□の中をうめなさい。

（証明） △ABE と△[   ]において，

　仮定より，[   ]＝[   ] ……①

　四角形ABCDはひし形だから，

　　∠B＝∠D　　……②

　　[   ]＝[   ] ……③

①，②，③より，2組の辺とその間の角がそれぞれ等しいから，

　　△[   ]≡△[   ]

　よって，[   ]＝[   ]

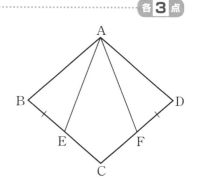

6 右の図は，AD∥BC の台形ABCDである。次の問いに答えなさい。

(1) △ABCと面積が等しい三角形を答えなさい。

[   ]

(2) △ACDと面積が等しい三角形を答えなさい。

[   ]

(3) △ABCの面積が8cm²，△ABDの面積が6cm²のとき，台形ABCDの面積を求めなさい。

[   ]

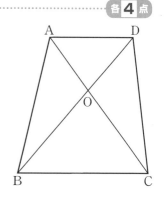

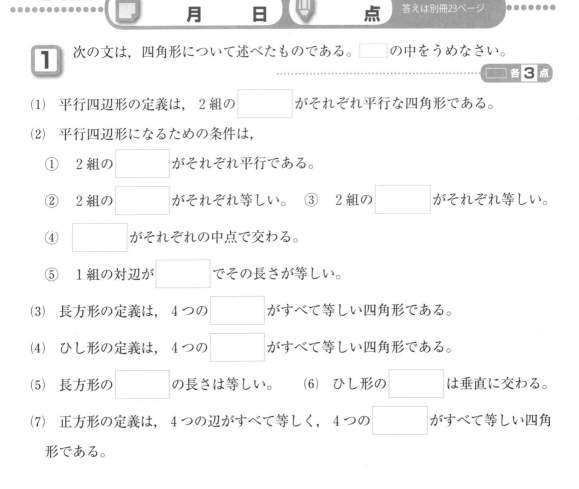

42 四角形のまとめ②

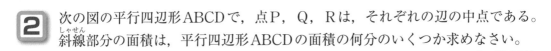

月　日　　　　点　　答えは別冊23ページ

1 次の文は，四角形について述べたものである。□の中をうめなさい。

各**3**点

(1)　平行四辺形の定義は，2組の□□□がそれぞれ平行な四角形である。

(2)　平行四辺形になるための条件は，

①　2組の□□□がそれぞれ平行である。

②　2組の□□□がそれぞれ等しい。　③　2組の□□□がそれぞれ等しい。

④　□□□がそれぞれの中点で交わる。

⑤　1組の対辺が□□□でその長さが等しい。

(3)　長方形の定義は，4つの□□□がすべて等しい四角形である。

(4)　ひし形の定義は，4つの□□□がすべて等しい四角形である。

(5)　長方形の□□□の長さは等しい。　　(6)　ひし形の□□□は垂直に交わる。

(7)　正方形の定義は，4つの辺がすべて等しく，4つの□□□がすべて等しい四角

形である。

2 次の図の平行四辺形ABCDで，点P，Q，Rは，それぞれの辺の中点である。斜線部分の面積は，平行四辺形ABCDの面積の何分のいくつか求めなさい。

各**10**点

(1)
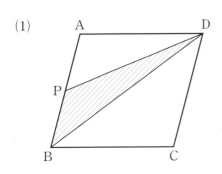

(2)
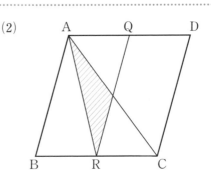

[　　　　　]　　　　　　　[　　　　　]

86

3 右の図で，四角形ABCDと四角形CEFGはともに正方形である。BG＝DE となることを，次のように証明した。□の中をうめなさい。 ………… 各**3**点

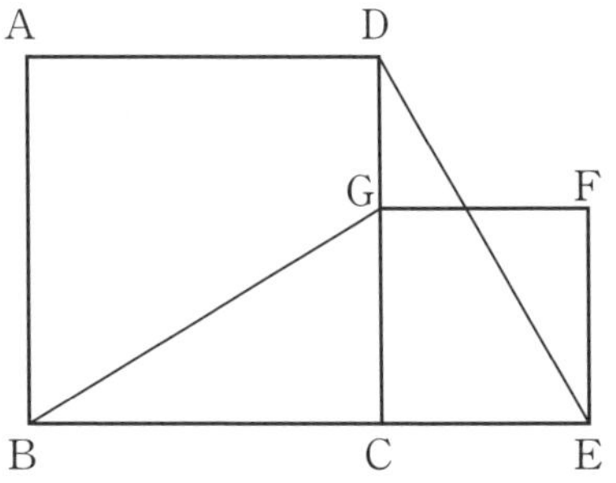

（証明） △BCGと△□において，仮定より，

∠BCG＝∠□＝90°……①

四角形ABCDは正方形だから，

BC＝□……②

四角形CEFGは正方形だから，

CG＝□……③

①，②，③より，□がそれぞれ等しいから，

△□≡△□

よって，□＝□

4 右の図の平行四辺形ABCDで，頂点A，Cから対角線BDにそれぞれ垂線AP，CQをひくとき，四角形APCQが平行四辺形になることを証明しなさい。

………………………………………………………… **20**点

（証明）

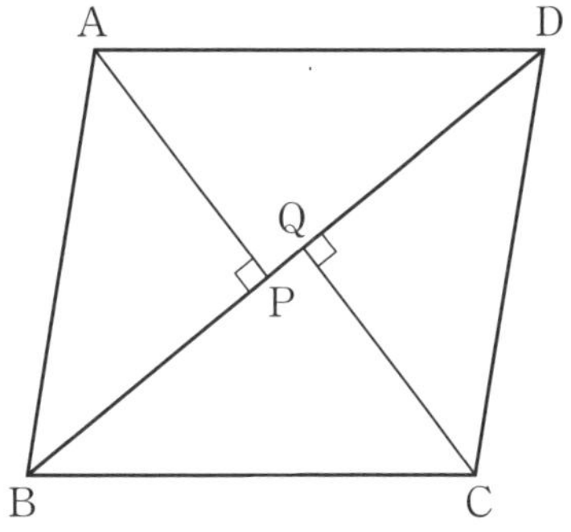

ヒント △ABP≡△CDQ を証明する。
P.69の **2** 参照。

1 下の図の平行四辺形ABCDで，∠x の大きさを求めなさい。 ……… 各**9**点

(1)
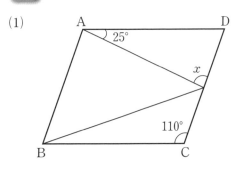

(2)

∠x [　　　]　　　　　　∠x [　　　]

2 次のような四角形の名前を答えなさい。 ……… 各**9**点

(1) 1つの角が直角である平行四辺形

[　　　　　]

(2) 1つの角が直角で，となりあう2辺が等しい平行四辺形

[　　　　　]

3 右の図の平行四辺形ABCDで，∠Aと∠Bの大きさの比が3：2のとき，次の角の大きさを求めなさい。 ……… 各**9**点

(1) ∠C

[　　　]

(2) ∠D

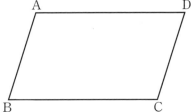

[　　　]

4 右の図の平行四辺形ABCDで，辺AD，BCの中点をそれぞれP，Qとするとき，点AとQ，CとPを結んでできる四角形AQCPは平行四辺形であることを，次のように証明した。次の□の中をうめなさい。 ········· 各**4**点

（証明） □□□□□□ において，

　仮定より，□□ // □□ ……①

　　AP＝□□ ，　QC＝□□ ，

　AD＝BC だから

　　□□□ ＝ □□□ ……②

　①，②より，□□□□□□□□□□□□ から，

　□□□□□□ は平行四辺形である。

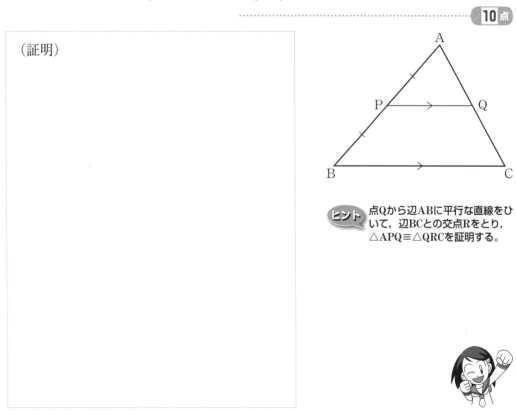

5 右の図のように，△ABCの辺ABの中点Pより辺BCに平行な直線をひき，辺ACとの交点をQとするとき，AQ＝QCとなることを証明しなさい。 ········· **10**点

（証明）

> **ヒント** 点Qから辺ABに平行な直線をひいて，辺BCとの交点Rをとり，△APQ≡△QRCを証明する。

三角形と四角形のまとめ

1 ∠A＝40°の△ABCについて，次の問いに答えなさい。 ………………… 各**7**点

(1) △ABCが二等辺三角形のとき，∠Bの大きさをすべて求めなさい。

$$[\qquad\qquad]$$

(2) △ABCが直角三角形のとき，∠Bの大きさをすべて求めなさい。

$$[\qquad\qquad]$$

2 次の四角形の名前をすべて答えなさい。 ………………… 各**8**点

(1) 長方形の各辺の中点を順に結んでできる四角形

$$[\qquad\qquad]$$

(2) ひし形の各辺の中点を順に結んでできる四角形

$$[\qquad\qquad]$$

3 右の図のように，二等辺三角形ABCの2つの底角∠B，∠Cの二等分線の交点をDとするとき，△DBCは二等辺三角形であることを，次のように証明した。□の中をうめなさい。 ………………… 各**5**点

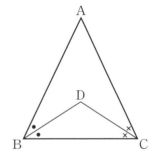

（証明）　二等辺三角形の2つの□□□は等しいから，

∠ABC＝∠□□□　……①

仮定より，∠DBC＝$\frac{1}{2}$∠□□□　……②

∠DCB＝$\frac{1}{2}$∠□□□　……③

①，②，③より，∠DBC＝∠□□□

したがって，□□□が等しいから，△DBCは二等辺三角形である。

4 右の図のように，線分AB上に点Cをとり，AC，CBをそれぞれ1辺とする正方形ACED，CBGFをつくるとき，AF＝EBであることを証明しなさい。 ……… **20点**

（証明）

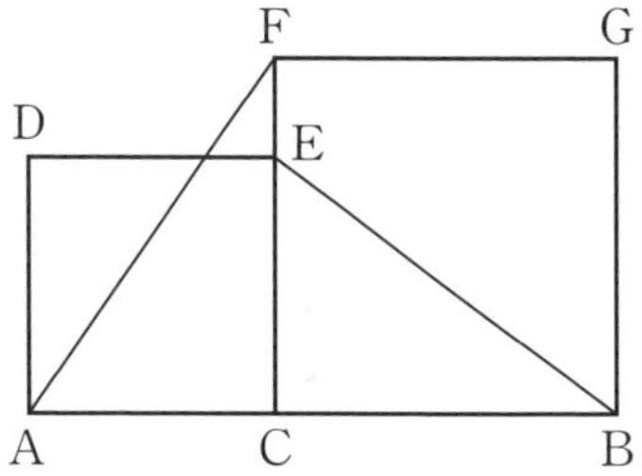

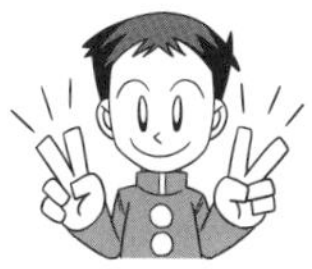

5 右の図の平行四辺形ABCDで，頂点Aから辺BC，CDにそれぞれひいた垂線AE，AFの長さが等しいとき，平行四辺形ABCDはひし形であることを証明しなさい。 ……… **20点**

（証明）

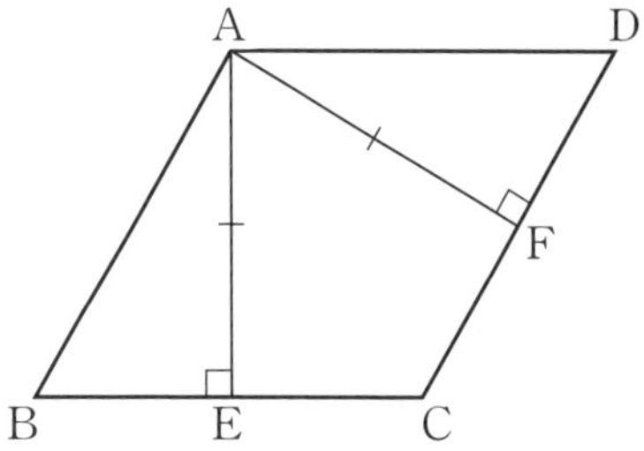

45 確 率①

1 下の表は，1枚の硬貨を投げたときの，投げた回数と，表が出た回数をまとめたものである。次の問いに答えなさい。 ⋯⋯⋯⋯⋯⋯⋯⋯⋯⋯⋯⋯⋯⋯ [ ] 各**6**点

投げた回数	100	200	400	600	800	…	2000
表が出た回数	54	94	204	297	404	…	1000
表が出た割合	A	0.470	0.510	B	C	…	D

注意　表が出た割合（相対度数）＝ $\dfrac{表が出た回数}{投げた回数}$

(1) 空欄A，B，C，Dにあてはまる数を答えなさい。

A [　　　　　]

B [　　　　　]

C [　　　　　]

D [　　　　　]

(2) 投げた回数を多くしていくと，表が出た相対度数は，ある一定の値に近づいていく。このある一定の値を求めなさい。

[　　　　　]

●**Memo** 覚えておこう●

●**確率**

同じ実験をくり返していくと，あることがらの起こる相対度数が一定の値に近づいていく。このように，あることがらの起こることが期待される程度を表す数を，そのことがらの起こる確率という。

2 次の確率を求めなさい。 ⋯⋯⋯⋯⋯⋯⋯⋯⋯⋯⋯⋯⋯ 各**7**点

注意　一般に，確率は分数で表す。

(1) 1枚の硬貨を投げるとき，裏が出る確率

[　　　　　]

(2) 1つのさいころを投げるとき，6の目が出る確率

[　　　　　]

3 袋の中に赤玉，青玉，黄玉，白玉，黒玉がそれぞれ1個ずつ入っている。この袋から玉を1個取り出すとき，次の問いに答えなさい。 ･･････ **各7点**

(1) 玉の取り出し方は，全部で何通りあるか求めなさい。

[   ]

(2) 赤玉が出る確率を求めなさい。

[   ]

(3) 青玉が出る確率を求めなさい。

[   ]

ポイント

確率＝ あることがらが起こる場合の数 / 起こりうるすべての場合の数

4 1つのさいころを投げるとき，次の問いに答えなさい。 ･･････ **各7点**

(1) 目の出かたは，全部で何通りあるか求めなさい。

[   ]

(2) 偶数の目が出る場合は何通りあるか求めなさい。

[   ]

(3) 偶数の目が出る確率を求めなさい。

[   ]

(4) 3の倍数の目が出る場合は何通りあるか求めなさい。

[   ]

(5) 3の倍数の目が出る確率を求めなさい。

[   ]

46 確　率②

月　日　　点　答えは別冊26ページ

1 1つのさいころを投げるとき，次の確率を求めなさい。 ……… 各**5**点

(1) 1または2の目が出る確率

[　　　　　]

(2) 4以上の目が出る確率

ヒント　4または5または6の目が出る確率

[　　　　　]

(3) 6以下の目が出る確率

[　　　　　]

> **ポイント**
>
> 必ず起こる確率……1

(4) 6より大きい目が出る確率

[　　　　　]

> **ポイント**
>
> 絶対に起こらない確率……0

2 袋の中に赤玉，白玉，黒玉がそれぞれ1個ずつ入っている。この袋から玉を1個取り出すとき，次の確率を求めなさい。 ……… 各**6**点

(1) 赤玉または白玉を取り出す確率

[　　　　　]

(2) 赤玉または白玉または黒玉を取り出す確率

[　　　　　]

(3) 青玉を取り出す確率

ヒント　袋の中に青玉は入っていない。

[　　　　　]

3 次の□にあてはまる数を答えなさい。 各**5**点

あることがらが絶対に起こらないとき，その確率は□である。また，あることがらが必ず起こるとき，その確率は□である。したがって，あることがらが起こる確率を p とするとき，p の値の範囲(はんい)は次のようになる。

$$\boxed{} \leqq p \leqq \boxed{}$$

4 次の確率を求めなさい。 各**6**点

(1) 当たりくじ1本をふくむ5本のくじから1本をひくとき，それが当たりくじである確率

[   ]

(2) 当たりくじ2本をふくむ5本のくじから1本をひくとき，それが当たりくじである確率

[   ]

(3) 当たりくじ5本をふくむ5本のくじから1本をひくとき，それが当たりくじである確率

[   ]

5 ジョーカーを除いた52枚のトランプから1枚ひくとき，次の確率を求めなさい。

.... 各**6**点

(1) 絵札をひく確率

注意 絵札には，J（ジャック），Q（クイーン），K（キング）がある。

[   ]

(2) ハートのカードをひく確率

[   ]

(3) 3または7のカードをひく確率

[   ]

(4) ジョーカーをひく確率

[   ]

47 確 率③

1 1枚の硬貨を2回投げるとき，硬貨の表，裏の出かたを，右のような図(樹形図)にまとめた。この図を参考にして，次の　にあてはまる数を答えなさい。

□各**5**点

(1) 硬貨を2回投げるとき，硬貨の表，裏の出かたは全部で　通りある。このうち，2回とも表が出るのは　通りあるから，2回とも表が出る確率は　である。

(2) 硬貨を2回投げるとき，表と裏が1回ずつ出るのは　通りあるから，表と裏が1回ずつ出る確率は　である。

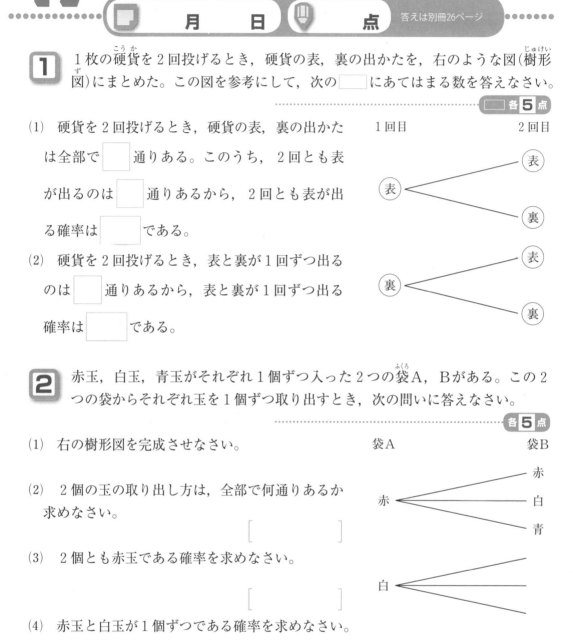

1回目　　2回目

表 ── 表
　└── 裏

裏 ── 表
　└── 裏

2 赤玉，白玉，青玉がそれぞれ1個ずつ入った2つの袋A，Bがある。この2つの袋からそれぞれ玉を1個ずつ取り出すとき，次の問いに答えなさい。

各**5**点

(1) 右の樹形図を完成させなさい。

(2) 2個の玉の取り出し方は，全部で何通りあるか求めなさい。

〔　　　〕

(3) 2個とも赤玉である確率を求めなさい。

〔　　　〕

(4) 赤玉と白玉が1個ずつである確率を求めなさい。

〔　　　〕

袋A　　　袋B

赤 ── 赤
　── 白
　── 青

白

青

ポイント

確率を求めるとき，樹形図を利用すると，わかりやすい。

3 袋の中に赤玉，白玉，青玉，黒玉がそれぞれ1個ずつ入っている。この袋から玉を1個取り出して，玉の色を調べてから玉を袋の中に戻し，もう1度袋から玉を1個取り出して玉の色を調べた。次の問いに答えなさい。 ・・・・・・・・・・ 各**5**点

(1) 右の樹形図を完成させなさい。

(2) 玉の取り出し方は，全部で何通りあるか求めなさい。

[   ]

(3) 2回とも赤玉を取り出す確率を求めなさい。

[   ]

(4) 1回目が白玉で，2回目が青玉か黒玉を取り出す確率を求めなさい。

[   ]

(5) 1回目が赤玉か白玉，2回目も赤玉か白玉を取り出す確率を求めなさい。

[   ]

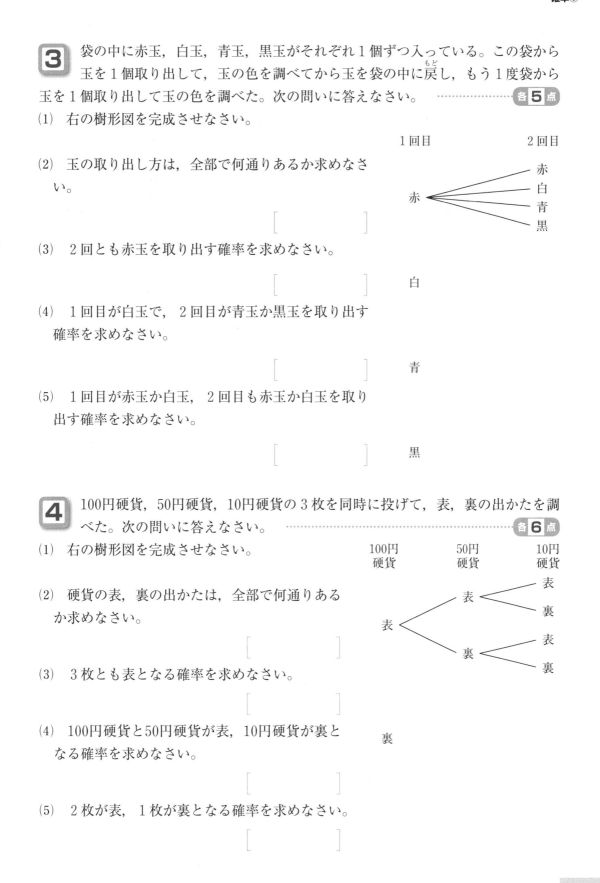

4 100円硬貨，50円硬貨，10円硬貨の3枚を同時に投げて，表，裏の出かたを調べた。次の問いに答えなさい。 ・・・・・・・・ 各**6**点

(1) 右の樹形図を完成させなさい。

(2) 硬貨の表，裏の出かたは，全部で何通りあるか求めなさい。

[   ]

(3) 3枚とも表となる確率を求めなさい。

[   ]

(4) 100円硬貨と50円硬貨が表，10円硬貨が裏となる確率を求めなさい。

[   ]

(5) 2枚が表，1枚が裏となる確率を求めなさい。

[   ]

1 袋の中に赤玉，白玉，青玉がそれぞれ1個ずつ入っている。この袋から玉を1個取り出し，その玉を袋の中に戻さずに続けて2個目を取り出すとき，次の問いに答えなさい。　　　　　　　　　　　　　　　　　　　　　　　各**6**点

(1)　2個の玉の取り出し方を樹形図にかきたい。最初に赤玉を取り出すと，2個目には赤玉はもうないから，右の図のように，白玉か青玉のどちらかになる。同様にして，右の樹形図を完成させなさい。

```
1個目        2個目
                白
赤
                青
```

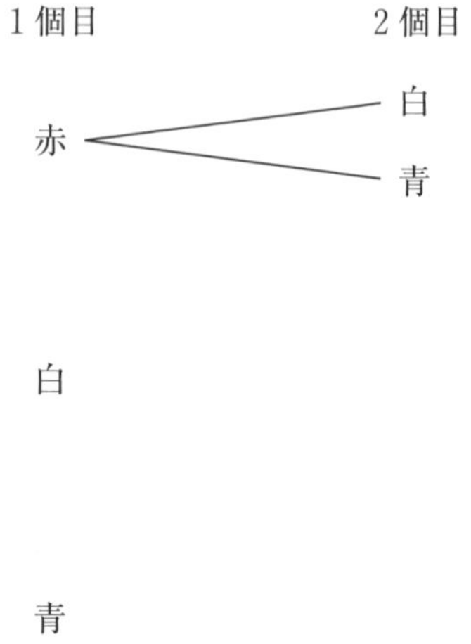

(2)　玉の取り出し方は，全部で何通りあるか求めなさい。

白

[　　　　　　]

(3)　1個目に赤玉，2個目に白玉を取り出す確率を求めなさい。

青

[　　　　　　]

2 袋の中に赤玉，白玉，黒玉がそれぞれ1個ずつ入っている。この袋から2個の玉を取り出すとき，次の問いに答えなさい。　　　　　　　　　各**6**点

(1)　玉を1個ずつ続けて2個取り出すとき，右の樹形図を完成させなさい。

```
1個目        2個目
                白
赤
                黒
```

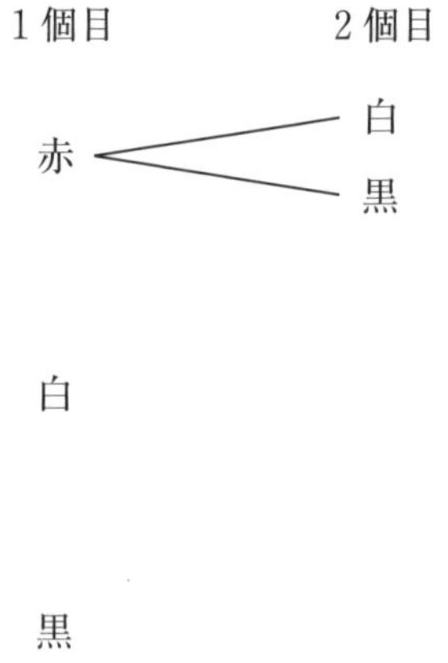

(2)　(1)のとき，赤玉と白玉を取り出す確率を求めなさい。

[　　　　　　]

(3)　2個の玉を同時に取り出すときには，(赤, 白)と(白, 赤)を区別しない。このときの取り出す組み合わせをすべて求めなさい。

白

[　(赤, 白),　　　　]

黒

(4)　(3)のとき，赤玉と白玉を取り出す確率を求めなさい。

[　　　　　　]

ポイント

取り出した玉をもとに戻さずに玉を続けて取り出す場合と，同時に取り出す場合では，取り出し方のかぞえ方が異なるが，確率は同じになる。

3 袋の中に赤玉，白玉，黒玉，青玉がそれぞれ1個ずつ入っている。この袋から同時に2個の玉を取り出すとき，次の問いに答えなさい。 ········· 各**7**点

(1) 玉を続けて2個取り出すと考えるとき，右の樹形図を完成させなさい。

(2) 玉を続けて2個取り出すと考えるとき，玉の取り出し方は，全部で何通りあるか求めなさい。 [   ]

(3) 赤玉と白玉を取り出す確率を求めなさい。 [   ]

(4) 白玉と青玉を取り出す確率を求めなさい。 [   ]

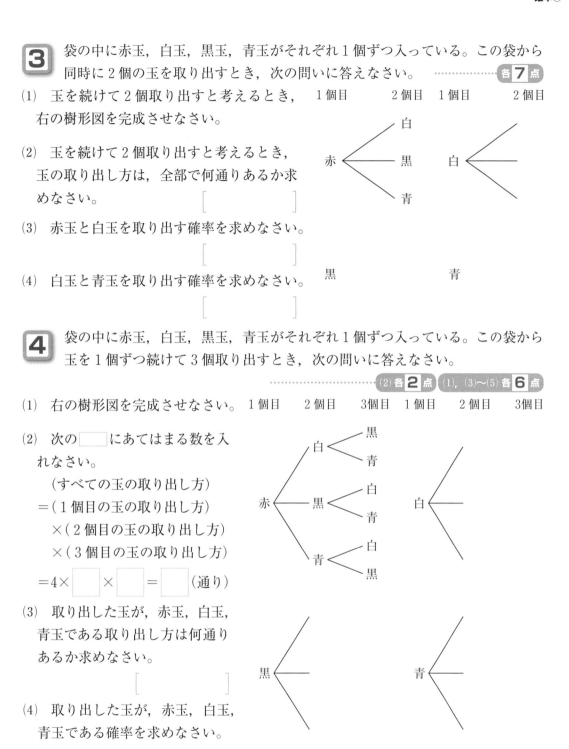

4 袋の中に赤玉，白玉，黒玉，青玉がそれぞれ1個ずつ入っている。この袋から玉を1個ずつ続けて3個取り出すとき，次の問いに答えなさい。

········· (2)各**2**点 (1)，(3)〜(5)各**6**点

(1) 右の樹形図を完成させなさい。

(2) 次の　　にあてはまる数を入れなさい。

（すべての玉の取り出し方）
＝（1個目の玉の取り出し方）
　×（2個目の玉の取り出し方）
　×（3個目の玉の取り出し方）
＝4×　　×　　＝　　（通り）

(3) 取り出した玉が，赤玉，白玉，青玉である取り出し方は何通りあるか求めなさい。 [   ]

(4) 取り出した玉が，赤玉，白玉，青玉である確率を求めなさい。 [   ]

(5) 取り出した玉が，白玉，黒玉，青玉である確率を求めなさい。 [   ]

49 確 率⑤

1 A，B 2つのさいころを同時に投げるとき，目の出かたを下の表にまとめた。表で，縦の欄はAの出た目，横の欄はBの出た目を表している。(たとえば，☆印は，Aは2の目，Bは4の目が出たことを表している。)次の問いに答えなさい。

各7点

(1) 目の出かたは，全部で何通りあるか求めなさい。

[　　　　　]

(2) 同じ目が出る場合は何通りあるか求めなさい。

[　　　　　]

(3) 同じ目が出る確率を求めなさい。

[　　　　　]

(4) ちがう目が出る確率を求めなさい。

[　　　　　]

B\A	1	2	3	4	5	6
1						
2				☆		
3						
4						
5						
6						

> **ポイント**
>
> あることがらAの起こらない確率
> (Aの起こらない確率)＝1－(Aの起こる確率)

2 A，B 2つのさいころを同時に投げるとき，次の問いに答えなさい。

(1) 8点　(2)～(4) 各6点

(1) Aの出た目とBの出た目の和を，右の表に表す。空欄をうめて表を完成させなさい。

(2) 目の和が8になるのは何通りあるか求めなさい。

[　　　　　]

(3) 目の和が8になる確率を求めなさい。

[　　　　　]

(4) 目の和が8にならない確率を求めなさい。

[　　　　　]

B\A	1	2	3	4	5	6
1	2	3	4	5	6	7
2	3	4	5			
3						
4						
5						
6						

3 1つのさいころを2回投げるとき，次の確率を求めなさい。（右の表を利用しなさい。）⋯⋯⋯⋯⋯⋯⋯ 各**6**点

(1) 目の差が1になる確率

[   ]

(2) 目の差が2になる確率

[   ]

(3) 目の差が3になる確率

[   ]

	1	2	3	4	5	6
1						
2						
3						
4						
5						
6						

♪ポイント

A，B2つのさいころを同時に投げる場合も，1つのさいころを2回投げる場合も，起こりうる場合の数は同じである。

4 1つのさいころを2回投げるとき，次の確率を求めなさい。⋯⋯⋯⋯⋯ 各**7**点

(1) 目の和が11になる確率

ヒント 2 でつくった表を利用する。

[   ]

(2) 目の和が5の倍数になる確率

[   ]

(3) 目の和が偶数になる確率

[   ]

(4) 目の和が奇数になる確率

[   ]

1 4本のくじの中に当たりくじが2本ふくまれている。このくじを1本ずつ2回
続けてひくとき，次の問いに答えなさい。 ………………… 各**6**点

(1) 当たりくじを「あ₁」，「あ₂」，はずれくじを
「は₁」，「は₂」と表す。最初に「あ₁」をひくとす
ると，残りは「あ₂」，「は₁」，「は₂」のいずれか
である。同様にして，右の樹形図を完成させ
なさい。

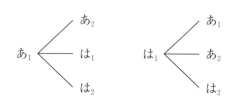

(2) くじの出かたは，全部で何通りあるか求め
なさい。（「あ₁」と「あ₂」，「は₁」と「は₂」はそれ
ぞれ区別するものとする。）

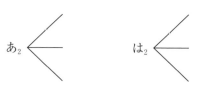

[　　　　]

(3) 2回とも当たる確率を求めなさい。

[　　　　]

(4) 1回は当たり，1回ははずれる確率を求めなさい。

[　　　　]

2 4本のくじの中に当たりくじが3本ふくまれている。このくじを1本ずつ2回
続けてひくとき，次の問いに答えなさい。 ………………… 各**6**点

(1) 当たりくじを「あ₁」，「あ₂」，「あ₃」，はずれ
くじを「は」として，右の樹形図を完成させな
さい。

(2) 2回とも当たる確率を求めなさい。

[　　　　]

(3) 2回ともはずれる確率を求めなさい。

[　　　　]

(4) 少なくとも1回は当たる確率を求めなさい。

[　　　　]

3 5本のくじの中に当たりくじが2本ふくまれている。このくじを1本ずつ2回
続けてひくとき，次の問いに答えなさい。 ・・・・・・・・・・・・・・・・・・・・・・・・・・・・・・・・・・・**各6点**

(1) 当たりくじを「あ$_1$」，「あ$_2$」，はずれくじを「は$_1$」，
「は$_2$」，「は$_3$」として，右の樹形図を完成させなさい。

1回目　　2回目

(2) 2回とも当たる確率を求めなさい。

[　　　　　]

(3) 2回ともはずれる確率を求めなさい。

[　　　　　]

(4) 1回は当たり，1回ははずれる確率を求めなさ
い。

[　　　　　]

1回目　　2回目

は$_1$ ＜ あ$_1$ / あ$_2$ / は$_2$ / は$_3$

あ$_1$ ＜ あ$_2$ / は$_1$ / は$_2$ / は$_3$

は$_2$

あ$_2$

は$_3$

4 5本のくじの中に当たりくじが3本ふくまれている。このくじを1本ずつ2回
続けてひくとき，次の問いに答えなさい。 ・・・・・・・・・・・・・・・・・・・・・・・・・・・・・・・・・・・**各7点**

(1) 当たりくじを「あ$_1$」，「あ$_2$」，「あ$_3$」，はずれ
くじを「は$_1$」，「は$_2$」として，樹形図を右にか
きなさい。

(樹形図)

(2) 2回とも当たる確率を求めなさい。

[　　　　　]

(3) 2回ともはずれる確率を求めなさい。

[　　　　　]

(4) 少なくとも1回ははずれる確率を求めなさ
い。

[　　　　　]

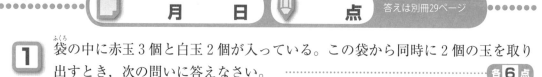

1 袋の中に赤玉3個と白玉2個が入っている。この袋から同時に2個の玉を取り出すとき，次の問いに答えなさい。 ………………… 各**6**点

(1) 玉を区別して続けて取り出すと考えるとき，玉の取り出し方は，全部で何通りあるか求めなさい。

> **ヒント** 右の樹形図を利用する。
> ただし，赤玉を「あ₁」，「あ₂」，「あ₃」，白玉を「し₁」，「し₂」と表している。

[　　　　　]

(2) 2個とも赤玉である確率を求めなさい。

[　　　　　]

(3) 2個とも白玉である確率を求めなさい。

[　　　　　]

(4) 赤玉と白玉が1個ずつである確率を求めなさい。

[　　　　　]

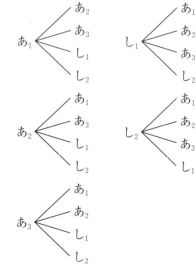

2 袋の中に赤玉2個と白玉1個と黒玉1個が入っている。この袋から同時に2個の玉を取り出すとき，次の問いに答えなさい。 …………………… 各**7**点

(1) 玉を続けて取り出すと考えるとき，樹形図を右にかきなさい。ただし，赤玉を「あ₁」，「あ₂」，白玉を「し」，黒玉を「く」としてかきなさい。

(2) 2個とも赤玉である確率を求めなさい。

[　　　　　]

(3) 赤玉と白玉が1個ずつである確率を求めなさい。

[　　　　　]

(4) 少なくとも1個は赤玉である確率を求めなさい。

[　　　　　]

（樹形図）

3 袋の中に黒のご石2個と白のご石3個が入っている。この袋から同時に2個の
ご石を取り出すとき，次の確率を求めなさい。 ·····················**各6点**

(1) 2個とも黒のご石である確率

$$\left[\right]$$

(2) 黒と白のご石が1個ずつである確率

$$\left[\right]$$

(3) 少なくとも1個は白のご石である確率

$$\left[\right]$$

4 2年生3人，3年生1人の班の中から，班長と副班長をくじびきで決めるとき，
次の問いに答えなさい。 ·····················**各6点**

(1) 班長と副班長の組み合わせは，全部で何通りあるか求めなさい。

ヒント 2年生3人はそれぞれ区別して考える。

$$\left[\right]$$

(2) 2年生1人，3年生1人となる組み合わせは，何通りあるか求めなさい。

$$\left[\right]$$

(3) 2年生1人，3年生1人となる確率を求めなさい。

$$\left[\right]$$

(4) 2年生2人となる組み合わせは，何通りあるか求めなさい。

$$\left[\right]$$

(5) 2年生2人となる確率を求めなさい。

$$\left[\right]$$

1 1から4までの数字が1つずつ書かれた4枚のカードがある。このカードをよくきってから1枚ずつ順に2枚のカードをひき，ひいた順にカードを並べて，2けたの整数をつくるとき，次の問いに答えなさい。 ………………… 各**7**点

(1) できる2けたの整数をすべて書きなさい。

[　　　　　　　　　　　　　]

(2) (1)の2けたの整数のうち，3の倍数はいくつあるか求めなさい。

[　　　　　　]

2 1から4までの数字が1つずつ書かれた4枚のカードがある。このカードをよくきってから1枚ずつ順に2枚のカードをひく。1枚目のカードの数字を十の位の数，2枚目のカードの数字を一の位の数として2けたの整数をつくるとき，次の問いに答えなさい。 ………………… 各**7**点

(1) 2けたの整数は，全部で何通りできるか求めなさい。

　ヒント　①を参考にする。

[　　　　　　]

(2) 偶数ができる確率を求めなさい。

[　　　　　　]

(3) 20以下の整数ができる確率を求めなさい。

[　　　　　　]

3 1から5までの数字が1つずつ書かれた5枚のカードがある。このカードをよくきってから1枚ずつ順に2枚のカードを取り出すとき，次の問いに答えなさい。 ………………… 各**7**点

(1) カードの取り出し方は，全部で何通りあるか求めなさい。

[　　　　　　]

(2) 2枚のカードがともに偶数である確率を求めなさい。

[　　　　　　]

4 1, 2, 3, 4 の数字を 1 つずつ書いた 4 枚のカードがある。このカードをよく
きってから 1 枚ずつ順に 2 枚のカードをひくとき，次の確率を求めなさい。

……………………………………………………… 各**7**点

(1) カードに書かれている数の積が 5 以上になる確率

[   ]

(2) カードに書かれている数の積が偶数になる確率

[   ]

5 2, 3, 4, 5 の数字を 1 つずつ書いた 4 枚のカードがある。このカードをよく
きってから 1 枚ずつ順に 2 枚のカードをひき，ひいた順にカードを並べて，2
けたの整数をつくるとき，次の確率を求めなさい。 ……………… 各**8**点

(1) できる 2 けたの整数が 32 より大きくなる確率

[   ]

(2) できる 2 けたの整数が 4 の倍数になる確率

[   ]

6 1, 2, 3, 4 の数字を 1 つずつ書いた 4 枚のカードがある。このカードをよく
きってから 1 枚ずつ順に 3 枚のカードをひき，ひいた順にカードを並べて，3
けたの整数をつくるとき，次の問いに答えなさい。 ……………… 各**7**点

(1) できる 3 けたの整数のうち，百の位が 1 であるものをすべて書きなさい。

[   ]

(2) 3 けたの整数は，全部で何通りできるか求めなさい。

[   ]

(3) できる 3 けたの整数が 234 より小さくなる確率を求めなさい。

[   ]

答えは別冊31ページ

1 3本のくじがあり，このうち1本だけが当たりくじである。Aさん，Bさん，Cさんがこの順にくじをひくとき，ひく順番による当たりやすさの違いはあるか考える。次の問いに答えなさい。　　　**各8点**

(1) 当たりくじを「あ」，はずれくじを「は₁」，「は₂」と区別して，右の樹形図を完成させなさい。

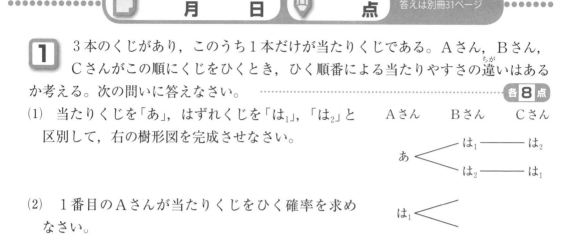

(2) 1番目のAさんが当たりくじをひく確率を求めなさい。

[　　　　　]

(3) 2番目のBさんが当たりくじをひく確率を求めなさい。

[　　　　　]

(4) 3番目のCさんが当たりくじをひく確率を求めなさい。

[　　　　　]

(5) 3人の中で，もっとも当たりやすい人は誰か。当たりやすさに違いがない場合は，「ない」と答えなさい。

[　　　　　]

2 3本のくじがあり，このうち2本が当たりくじである。Aさん，Bさん，Cさんがこの順にくじをひくとき，次の問いに答えなさい。　　　**各7点**

(1) 当たりくじを「あ₁」，「あ₂」と区別し，はずれくじを「は」とするとき，3人のくじのひき方は，全部で何通りあるか求めなさい。

[　　　　　]

(2) 3人の中で，もっとも当たりやすい人は誰か。当たりやすさに違いがない場合は，「ない」と答えなさい。

[　　　　　]

3 あおいさんのお父さんは，抽選前の2枚の宝くじをあおいさんに見せて，「どちらか好きなほうをあげるよ」と言った。2枚の宝くじの番号は，172903と111111であった。あおいさんは，「111111のように同じ数字が並ぶ確率はとても小さいから，172903のほうが当たる確率が大きい」と考えた。しかし，お父さんは「どちらも当たる確率は同じだよ」と言った。宝くじの番号が，000000から999999までの1000000通りあるとして，次の問いに答えなさい。 ……… (1)**10**点 (2)**8**点

(1) 下線部のあおいさん，お父さんの考えのどちらが正しいといえるか。また，その理由をなるべく具体的な数字を使って説明しなさい。

(2) あおいさんは番号が172903のほうの宝くじを選んだ。選んだ後に，お父さんから「前回の当選番号は172903だった」と聞かされた。これを聞いた後，あおいさんが当たる確率は変わるかどうか答えなさい。

4 次のことがらで，正しいものには○を，正しくないものには×を，〔　〕の中に書きなさい。 ……… 各**7**点

(1) 当たる確率が $\frac{1}{10}$ のくじでは，10回連続してくじをひけば，少なくとも1回は当たりが出る。

(2) 一般に，くじをひくときに，ひく順序によって当たりやすさは変わらない。

(3) 1つのさいころを3回続けて投げたとき，3回とも6の目が出た。次にさいころを1回投げるときに，6の目の出る確率は $\frac{1}{6}$ である。

(4) 2枚の10円硬貨を同時に投げると，どちらかは必ず表が出る。

54 確率のまとめ

1 1つのさいころを投げるとき，次の確率を求めなさい。 ………… 各**6**点

(1) 2または5の目が出る確率

[　　　　　　　]

(2) 2または5の目が出ない確率

[　　　　　　　]

2 1つのさいころを2回投げるとき，次の確率を求めなさい。 ………… 各**6**点

(1) 目の和が9になる確率

[　　　　　　　]

(2) 目が等しくなる確率

[　　　　　　　]

(3) 目の差が2になる確率

[　　　　　　　]

3 500円硬貨，100円硬貨，10円硬貨の3枚を同時に投げるとき，次の確率を求めなさい。 ………… 各**6**点

(1) 3枚とも表となる確率

[　　　　　　　]

(2) 500円硬貨と100円硬貨が表，10円硬貨が裏となる確率

[　　　　　　　]

(3) 1枚が表，2枚が裏となる確率

[　　　　　　　]

4 6本のくじの中に当たりくじが2本ふくまれている。このくじを1本ずつ2回
続けてひくとき，次の問いに答えなさい。 各**6**点

(1) 当たりくじを「あ$_1$」，「あ$_2$」，はずれく
じを「は$_1$」，「は$_2$」，「は$_3$」，「は$_4$」として，
右の樹形図を完成させなさい。

| 1回目 | 2回目 | 1回目 | 2回目 |

あ$_1$ ── あ$_2$
　　　├ は$_1$
　　　├ は$_2$　　　　は$_2$
　　　├ は$_3$
　　　└ は$_4$

(2) 2回とも当たる確率を求めなさい。

[　　　　　]

(3) 2回ともはずれる確率を求めなさい。

あ$_2$ ──────── は$_3$

[　　　　　]

(4) 少なくとも1回は当たる確率を求めな
さい。

[　　　　　]　　　は$_1$ ──────── は$_4$

5 袋（ふくろ）の中に赤玉1個と白玉1個と黒玉2個が入っている。この袋から同時に2個
の玉を取り出すとき，次の問いに答えなさい。 各**7**点

(1) 取り出した玉が赤玉と白玉である確率を求めなさい。

[　　　　　]

(2) 取り出した玉が少なくとも1個は黒玉である確率を求めなさい。

[　　　　　]

6 1，2，3，4の数字を1つずつ書いた4枚のカードがある。このカードをよく
きってから1枚ずつ順に2枚のカードをひき，ひいた順にカードを並べて，2
けたの整数をつくるとき，次の問いに答えなさい。 各**7**点

(1) 2けたの整数は，全部で何通りできるか求めなさい。

[　　　　　]

(2) できる2けたの整数が偶数（ぐうすう）になる確率を求めなさい。

[　　　　　]

月　　日　　　　点　答えは別冊33ページ

●**Memo**覚えておこう●

データの値を小さい順に並べ，中央値を境
に前半部分と後半部分の2つに分けたとき，
●**第1四分位数**……前半部分の中央値
●**第2四分位数**……データ全体の中央値
●**第3四分位数**……後半部分の中央値
●**四分位範囲＝第3四分位数－第1四分位数**
四分位範囲は，データの値を小さい順に並べたとき，中央付近のほぼ50％の
データがふくまれる区間の大きさを表し，データの散らばり具合の指標とし
て用いることができる。

| データが7個の場合 |

第1四分位数
　　　第2四分位数(中央値)
　　　　　　第3四分位数

○　○　○　○　○　○　○

1 下のデータは，2年1組の生徒9人が行った数学の小テスト(10点満点)の得点
である。次の問いに答えなさい。 各**8**点

5，8，7，10，3，4，6，5，6（単位は点）

(1) 得点の値を小さい順に並べかえなさい。

[　　　　　　　　　　　　　　]

(2) 第1四分位数を求めなさい。 [　　　　]

(3) 第2四分位数を求めなさい。 [　　　　]

(4) 第3四分位数を求めなさい。 [　　　　]

(5) 四分位範囲を求めなさい。 [　　　　]

2 **1**の2年1組の生徒9人が，国語の小テスト(10点満点)を行った。その結果，
第1四分位数は4点，第2四分位数は5点，第3四分位数は6点だった。数学
の小テストと国語の小テストでは，どちらが得点の散らばりの度合いが大きいといえ
るか，答えなさい。 **6**点

[　　　　]

3 下のデータは，2年2組の生徒10人が行った数学の小テスト(10点満点)の得点である。次の問いに答えなさい。 各**8**点

| 7，2，10，4，6，8，5，7，6，5（単位は点） |

(1) 得点の値を小さい順に並べかえなさい。

$$\left[\right]$$

(2) 第1四分位数を求めなさい。

$$\left[\right]$$

(3) 第2四分位数を求めなさい。

$$\left[\right]$$

(4) 第3四分位数を求めなさい。

$$\left[\right]$$

(5) 四分位範囲を求めなさい。

$$\left[\right]$$

4 **1**の2年1組と**3**の2年2組の数学の小テストについて，得点の散らばりの度合いを比べる。次の問いに答えなさい。 各**7**点

(1) 範囲で比べると，どちらが得点の散らばりの度合いが大きいといえるか，答えなさい。

$$\left[\right]$$

> **ポイント**
>
> (範囲)＝(最大値)－(最小値)

(2) 四分位範囲で比べると，どちらが得点の散らばりの度合いが大きいといえるか，答えなさい。

$$\left[\right]$$

●**Memo** 覚えておこう●

●箱ひげ図のしくみ

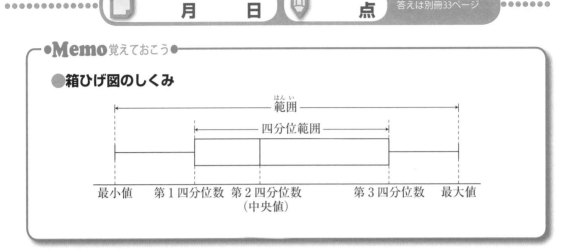

範囲

四分位範囲

最小値　第1四分位数　第2四分位数　　　　第3四分位数　最大値
（中央値）

---

1 下のデータは，A中学校の2年生15人が，ある週の月曜日から金曜日までに行った家庭での学習時間を表している。次の問いに答えなさい。

(1)～(7) 各**8**点 (8)**12**点

> 3，6，10，2，5，7，1，8，9，5，12，9，6，5，4（単位は時間）

(1) 最小値を求めなさい。　　　　　　　　　　　　[　　　　　　　]

(2) 最大値を求めなさい。　　　　　　　　　　　　[　　　　　　　]

(3) 第1四分位数を求めなさい。　　　　　　　　　[　　　　　　　]

(4) 第2四分位数を求めなさい。　　　　　　　　　[　　　　　　　]

(5) 第3四分位数を求めなさい。　　　　　　　　　[　　　　　　　]

(6) 範囲を求めなさい。　　　　　　　　　　　　　[　　　　　　　]

(7) 四分位範囲を求めなさい。　　　　　　　　　　[　　　　　　　]

(8) 箱ひげ図に表しなさい。

0　1　2　3　4　5　6　7　8　9　10　11　12　13　14
（時間）

2 下の（ア）〜（ウ）の箱ひげ図に対応するヒストグラムを，右の①〜③から1つずつ選びなさい。 ……… 各**6**点

（ア）  ［　　　　　］

（イ）  ［　　　　　］

（ウ）  ［　　　　　］

①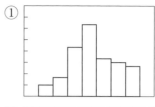

②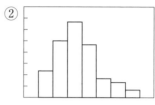

③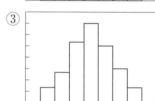

3 下のヒストグラムは，あるクラスの生徒32人のハンドボール投げの記録である。次の問いに答えなさい。 ……… 各**7**点

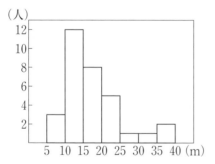

(1) 中央値がふくまれる階級を答えなさい。 ［　　　　　　　　］

(2) 上のヒストグラムに対応する箱ひげ図としてもっとも適したものを，次の①〜③から1つ選びなさい。 ［　　　　　　　　］

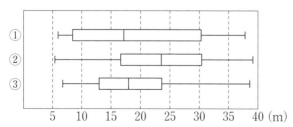

1 下の箱ひげ図は，ある中学校の2年生の冬休みの読書時間を表している。次の(1)〜(3)の　　　にあてはまる数を答えなさい。 …………………… 各4点

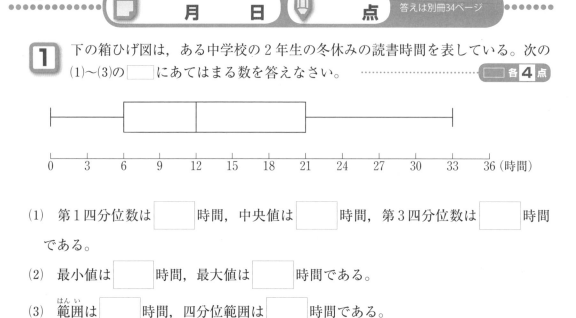

(1)　第1四分位数は　　　　時間，中央値は　　　　時間，第3四分位数は　　　　時間である。

(2)　最小値は　　　　時間，最大値は　　　　時間である。

(3)　範囲は　　　　時間，四分位範囲は　　　　時間である。

2 下の箱ひげ図は，ある中学校の2年生の1組〜3組の生徒の握力の記録を表したものである。この箱ひげ図からよみとれることとして，次の(1)〜(3)について「正しい」「正しくない」「データからはよみとれない」のどれかで答えなさい。
…………………………………… 各4点

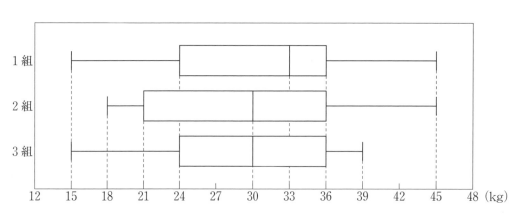

(1)　1組と2組でもっとも高い生徒の記録は同じである。

[　　　　　]

(2)　四分位範囲がもっとも大きいのは1組である。　　　[　　　　　]

(3)　3組の平均値より2組の平均値の方が高い。　　　[　　　　　]

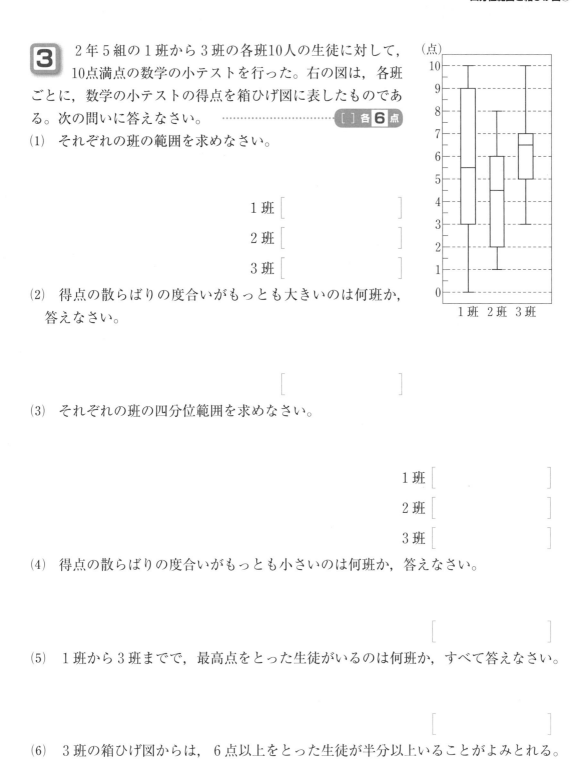

③ 2年5組の1班から3班の各班10人の生徒に対して，10点満点の数学の小テストを行った。右の図は，各班ごとに，数学の小テストの得点を箱ひげ図に表したものである。次の問いに答えなさい。 ········· [ ] 各**6**点

(1) それぞれの班の範囲を求めなさい。

1班 [   ]

2班 [   ]

3班 [   ]

(2) 得点の散らばりの度合いがもっとも大きいのは何班か，答えなさい。

[   ]

(3) それぞれの班の四分位範囲を求めなさい。

1班 [   ]

2班 [   ]

3班 [   ]

(4) 得点の散らばりの度合いがもっとも小さいのは何班か，答えなさい。

[   ]

(5) 1班から3班までで，最高点をとった生徒がいるのは何班か，すべて答えなさい。

[   ]

(6) 3班の箱ひげ図からは，6点以上をとった生徒が半分以上いることがよみとれる。なぜそのようによみとれるのか，理由を書きなさい。

[   ]

117

1 下の①，②のデータを見て，次の問いに答えなさい。 各6点

① 15, 17, 18, 19, 20, 20, 21, 22（単位はm）

② 25, 26, 28, 28, 29, 30, 31, 33, 33（単位は℃）

(1) 第1四分位数をそれぞれ求めなさい。

①[　　　　　　]　②[　　　　　　]

(2) 第2四分位数をそれぞれ求めなさい。

①[　　　　　　]　②[　　　　　　]

(3) 第3四分位数をそれぞれ求めなさい。

①[　　　　　　]　②[　　　　　　]

(4) 四分位範囲をそれぞれ求めなさい。

①[　　　　　　]　②[　　　　　　]

2 **1**の①，②のデータを，それぞれ箱ひげ図に表しなさい。 各8点

①

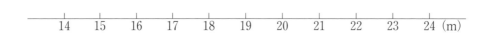

14　15　16　17　18　19　20　21　22　23　24 (m)

②

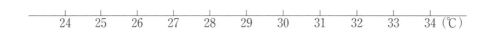

24　25　26　27　28　29　30　31　32　33　34 (℃)

3 下の図は，2年A組で数学のテストを行い，その得点の分布を箱ひげ図に表したものである。この図からよみとれることとして正しいものを，次のア～オからすべて選びなさい。 ‥‥‥‥‥‥‥‥‥‥‥‥‥‥‥‥‥‥‥ **6点**

[　　　　　]

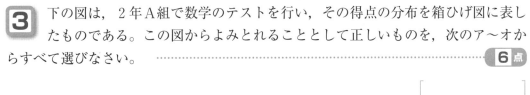

ア　数学のテストを受けた生徒の人数
イ　数学のテストの最高点
ウ　数学のテストの平均点
エ　数学のテストの最高点と最低点との差
オ　A組の半分以上の生徒が70点以上をとっていること

4 右の2つの箱ひげ図は，B中学校の2年1組と2組の生徒が，ある週の月曜日から金曜日までに行った家庭での学習時間の分布を表している。この図からよみとれることとして正しいものには○を，正しくないものには×を，[ ]の中に書きなさい。 ‥‥‥‥‥‥‥‥‥ **各6点**

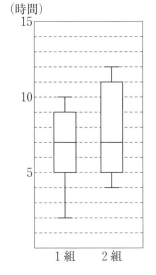

(1)　1組と2組の家庭での学習時間の平均値は7時間である。

[　　　　]

(2)　2組で，家庭での学習時間が7時間から11時間までの区間にいる人数は，5時間から7時間までの区間にいる人数の2倍である。

[　　　　]

(3)　1組も2組も，半分以上の生徒が6時間以上家庭で学習している。

[　　　　]

(4)　1組よりも2組の方が，家庭での学習時間の散らばりの度合いが大きい。

[　　　　]

(5)　1組と2組で，もっとも家庭での学習時間が長い生徒で比べると，その差は2時間である。

[　　　　]

「中学基礎100」アプリ [テスト前 5科4択] で,
スキマ時間にもテスト対策!

問題集

アプリ

\ 日常学習 /
テスト1週間前

『中学基礎がため100%』
シリーズに取り組む!

\ 定期テスト直前! /

テスト必出問題を
「4択問題アプリ」で
チェック!

アプリの特長

『中学基礎がため100%』の
5教科各単元に
それぞれ対応したコンテンツ!
＊ご購入の問題集に対応した
コンテンツのみ使用できます。

テストに出る重要問題を
4択問題でサクサク復習!

間違えた問題は「解きなおし」で,
何度でもチャレンジ。
テストまでに100点にしよう!

＊アプリのダウンロード方法は,本書のカバーそで（表紙を開いたところ），または1ページ目をご参照ください。

中学基礎がため100%

できた! 中2数学
図形・データの活用

2021年2月 第1版第1刷発行
2024年1月 第1版第5刷発行

発行人／志村直人
発行所／株式会社くもん出版
〒141-8488
東京都品川区東五反田 2-10-2 東五反田スクエア 11F
☎ 代表 03(6836)0301
編集直通 03(6836)0317
営業直通 03(6836)0305

印刷・製本／TOPPAN株式会社

デザイン／佐藤亜沙美(サトウサンカイ)
カバーイラスト／いつか
本文イラスト／平林知子
本文デザイン／岸野祐美・永見千春・池本円(京田クリエーション)・坂田良子
編集協力／株式会社カルチャー・プロ

©2021 KUMON PUBLISHING Co.,Ltd. Printed in Japan
ISBN 978-4-7743-3106-5

くもん出版ホームページ　https://www.kumonshuppan.com/

＊本書は『くもんの中学基礎がため100%　中2数学　図形編』を
改題し,新しい内容を加えて編集しました。

公文式教室では、
随時入会を受けつけています。

KUMONは、一人ひとりの力に合わせた教材で、
日本を含めた世界60を超える国と地域に「学び」を届けています。
自学自習の学習法で「自分でできた!」の自信を育みます。

公文式独自の教材と、経験豊かな指導者の適切な指導で、
お子さまの学力・能力をさらに伸ばします。

お近くの教室や公文式
についてのお問い合わせは

ミン ナ ニ ヒャクテン
0120-372-100

受付時間 9:30～17:30　月～金（祝日除く）

教室に通えない場合、通信で学習することができます。

公文式通信学習　検索

通信学習についての
詳細は
0120-393-373

受付時間 10:00～17:00　月～金(水・祝日除く)

お近くの教室を検索できます　　くもんいくもん　検索

公文式教室の先生になることに
ついてのお問い合わせは
0120-834-414
くもんの先生　検索

KUM◯N　公文教育研究会

公文教育研究会ホームページアドレス
https://www.kumon.ne.jp/

これだけは覚えておこう

中2数学　図形・データの活用の要点のまとめ

平行と合同

① 平行と角

2つの直線に1つの直線が交わるとき，

(1) 2直線が平行ならば，同位角は等しい。

(2) 2直線が平行ならば，錯角は等しい。

(3) 同位角が等しければ，2直線は平行になる。

(4) 錯角が等しければ，2直線は平行になる。

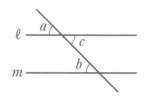

(1) $\ell /\!\!/ m$ ならば，$\angle a = \angle b$

(2) $\ell /\!\!/ m$ ならば，$\angle c = \angle b$

(3) $\angle a = \angle b$ ならば，$\ell /\!\!/ m$

(4) $\angle c = \angle b$ ならば，$\ell /\!\!/ m$

② 三角形の内角と外角

三角形の1つの外角は，それととなりあわない2つの内角の和に等しい。

③ 多角形の内角と外角

n 角形の内角の和は，$180° \times (n - 2)$　　n 角形の外角の和は，$360°$

④ 三角形の合同条件

(1) 3組の辺がそれぞれ等しい。

(2) 2組の辺とその間の角がそれぞれ等しい。

(3) 1組の辺とその両端の角がそれぞれ等しい。

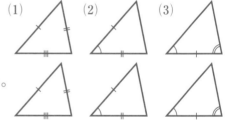

⑤ 直角三角形の合同条件

(1) 斜辺と1つの鋭角がそれぞれ等しい。

(2) 斜辺と他の1辺がそれぞれ等しい。

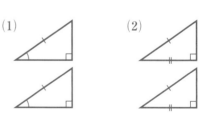

⑥ 証明

(1) 仮定と結論…「a ならば b」と表したとき，a を仮定，b を結論という。

(2) 証明…すでに正しいと認められたことがらをよりどころとして，あることがらが成り立つことを，すじ道立てて導くこと。

中学基礎がため100%

できた！
中2数学

図形・データの活用

別冊解答書
答えと考え方

1 **答** (1) ∠a…60°
　(2) ∠a…110°
　(3) ∠a…40°, ∠b…40°
　(4) ∠a…100°, ∠b…100°

考え方
(1) 120°+∠a=180°, ∠a=60°
(2) 70°+∠a=180°, ∠a=110°
(3) 140°+∠a=180°, ∠a=40°
　　140°+∠b=180°, ∠b=40°
(4) 80°+∠a=180°, ∠a=100°
　　80°+∠b=180°, ∠b=100°

2 **答** (1) ∠d
　(2) ∠e
　(3) ∠c=180°−(∠b+∠d)

考え方
(3) ∠b+∠c+∠d=180° である。

3 **答** (1) 60°
　(2) 80°

考え方
(1) ∠a の対頂角を考える。
(2) ∠b の対頂角を求める。

4 **答** (1) ∠e
　(2) ∠f
　(3) ∠d
　(4) ∠c
　(5) ∠e
　(6) ∠h

5 **答** (1) 85°
　(2) 85°
　(3) 95°
　(4) 95°

考え方
(2) ∠c の同位角の対頂角である。
(4) ∠b の同位角の対頂角である。

1 **答** (1) 同位角
　(2) 錯角
　(3) 平行である(ℓ//m)
　(4) 60°

考え方
(4) ∠a と ∠e は同位角である。

2 **答** (1) j//m
　　　k//ℓ (順不同)
　(2) ∠a と ∠d
　　　∠b と ∠c (順不同)

考え方
(1) 同位角が等しければ, 2直線は平行である。
(2) 2直線が平行ならば, 同位角は等しい。

3 **答** (1) ∠e, ∠p
　(2) ∠g, ∠r
　(3) ∠d…75°, ∠g…105°
　　　∠q…75°, ∠v…105°

考え方
(3) k//ℓ より, ∠a=∠e
　∠e=∠g より,
　∠g=∠a=105°
　m//n より, ∠a=∠p
　k//ℓ より, ∠p=∠t
　∠t=∠v より, ∠v=∠a=105°

4 **答** (1) ∠x…75°
　　　　　∠y…105°
　(2) ∠x…115°
　　　∠y…65°
　(3) ∠x…110°
　　　∠y…60°
　(4) ∠x…70°
　　　∠y…110°

考え方
(1) 75°+∠y=180°, ∠y=105°
(2) 115°+∠y=180°, ∠y=65°
(3) 70°+∠x=180°, ∠x=110°
　　120°+∠y=180°, ∠y=60°
(4) 40°+∠x=110°, ∠x=70°
　　∠x+∠y=180°, 70°+∠y=180°
　　∠y=110°

1 ⟩**答**(1)　同位角
(2)　錯角
(3)　平行である（$\ell /\!/ m$）

2 ⟩**答**(1)　∠x…50°
(2)　∠x…130°
(3)　∠x…80°
(4)　∠x…100°
(5)　∠x…120°
(6)　∠x…35°

考え方
(5)　∠xの錯角と60°の和が180°になる。
(6)　∠xの錯角と145°の和が180°になる。

3 ⟩**答**(1)　∠x…40°
　　　∠y…50°
(2)　∠x…45°
　　　∠y…100°
(3)　∠x…95°
(4)　∠x…130°
(5)　∠x…35°
(6)　∠x…105°

考え方
(1)　∠xの錯角と∠yの錯角をみつける。
(2)　∠xの錯角をみつける。
　　　∠yの錯角と80°の和が180°になる。
(3)　45°の錯角と50°の錯角の和が∠xの大きさに等しい。
(4)　点Cを通り，直線ℓ，mに平行な直線をひく。60°の錯角と70°の錯角の和が∠xの大きさに等しい。
(5)　55°の錯角と∠xの錯角の和が90°になる。
　　　∠x＋55°＝90°，∠x＝35°
(6)　直線ℓ，mに平行な直線を2本ひき，平行線の錯角が等しいことを利用して求める。
　　　∠x＝60°＋(80°－35°)＝105°

1 ⟩**答**(1)　○　　(2)　○　　(3)　×
2 ⟩**答**(1)　∠x…65°
　　　∠y…65°
(2)　∠x…45°
　　　∠y…135°
(3)　∠x…140°
　　　∠y…40°
(4)　∠x…65°
　　　∠y…65°

考え方
(1)　115°＋∠x＝180°，∠x＝65°
　　　115°＋∠y＝180°，∠y＝65°
(2)　135°＋∠x＝180°，∠x＝45°
　　　45°＋∠y＝180°，∠y＝135°
(3)　40°＋∠x＝180°，∠x＝140°
　　　∠yは40°の同位角と等しい。
(4)　65°の対頂角が∠xの同位角だから，∠x＝65°
　　　65°＋∠y＋50°＝180°，∠y＝65°

3 ⟩**答**(1)　∠a＝∠c
(2)　∠a＋∠b＝180°
(3)　125°

4 ⟩**答**(1)　∠x…130°
　　　∠y…110°
(2)　∠x…70°
　　　∠y…65°
(3)　∠x…130°
　　　∠y…40°
(4)　∠x…115°
　　　∠y…25°

考え方
(1)　∠x＋50°＝180°，∠x＝130°
　　　∠y＋70°＝180°，∠y＝110°
(2)　∠x＋110°＝180°，∠x＝70°
　　　45°＋70°＋∠y＝180°
　　　∠y＝65°
(3)　∠x＋50°＝180°，∠x＝130°
　　　50°＋∠y＝90°，∠y＝40°
(4)　∠x＋65°＝180°，∠x＝115°
　　　115°＋∠y＋40°＝180°
　　　∠y＝25°

⑤ 三角形の内角と外角① P.12-13

1 ⇒答 ACE
ECD
ECD

2 ⇒答 (1) 70°
(2) 110°
(3) 135°

考え方
(1) $45°+65°+∠ACB=180°$
$∠ACB=70°$
(2) $∠ACD=180°-∠ACB$
$=180°-70°=110°$
(3) △ABCの頂点Aにおける外角は，
$180°-∠A=180°-45°=135°$

3 ⇒答 ACB
ACD
ACD

4 ⇒答 (1) $∠x…124°$
(2) $∠x…130°$
(3) $∠x…55°$
(4) $∠x…60°$

考え方
(1) $∠x=64°+60°=124°$
(2) $∠x=65°+65°=130°$
(3) $∠x=30°+25°=55°$
(4) $130°=∠x+70°$, $∠x=60°$

⑥ 三角形の内角と外角② P.14-15

1 ⇒答 (1) $∠x…126°$　　(2) $∠x…65°$

考え方
(1) $∠x=63°×2=126°$
(2) $130°=∠x×2$, $∠x=65°$

2 ⇒答 B
D
C　D

3 ⇒答 (1) $∠x…63°$　　(2) $∠x…65°$

考え方
(1) $55°+40°=32°+∠x$, $∠x=63°$
(2) $45°+∠x=85°+25°$, $∠x=65°$

4 ⇒答 (1) $∠x…90°$
$∠y…130°$
(2) $∠x…70°$
$∠y…60°$

考え方
(1) $∠x=180°-(60°+30°)=90°$
$∠y=(180°-∠x)+40°$
$=180°-90°+40°=130°$
(2) $∠x=50°+20°=70°$
$130°=∠x+∠y$
$∠y=130°-70°=60°$

5 ⇒答 (1) 73°　　(2) 55°

考え方
(1) $∠DEC+20°=93°$
$∠DEC=73°$
(2) $∠x+18°=∠DEC$
$∠x=73°-18°=55°$

6 ⇒答 (1) $∠x…64°$
(2) $∠x…25°$

考え方
(1)

$∠DEC=128°-24°=104°$
$∠x=104°-40°=64°$

(2)

△ACE の内角と外角の関係および，△BDE の内角と外角の関係を使う。
$(∠x+65°)+30°=120°$, $∠x=25°$

4

7 多角形の内角の和 P.16-17

1 ⋛答 (1) 2   2

(2) 3   3

(3) 4   4

(4) 2 $n-2$

(5) 1260°

(6) 1800°

> **考え方**
> (5) $180° \times (9-2) = 1260°$
> (6) $180° \times (12-2) = 1800°$

2 ⋛答 (1) 1080°

(2) 135°

(3) 150°

(4) 七角形

(5) 六角形

> **考え方**
> (2) 正八角形の8つの内角の大きさは
> すべて等しい。
> $180° \times (8-2) \div 8 = 135°$
> (3) (十二角形の内角の和)÷12 より,
> $180° \times (12-2) = 1800°$
> $1800° \div 12 = 150°$
> (4) 求める多角形を n 角形とし,
> $180° \times (n-2) = 900°$
> を解いて, $n-2=5$, $n=7$
> (5) (4)と同様に,
> $180° \times (n-2) = 720°$
> を解いて, $n-2=4$, $n=6$

3 ⋛答 (1) $\angle x \cdots 120°$

(2) $\angle x \cdots 75°$

> **考え方**
> (1) 五角形の内角の和は,
> $180° \times (5-2) = 540°$ だから,
> $\angle x$
> $= 540° - (120° + 110° + 100° + 90°)$
> $= 120°$
> (2) (1)と同様に,
> $900° - (150° + 100° + 120° + 120°$
> $\qquad\qquad\qquad + 130° + 175°)$
> $= 105°$
> となるから,
> $\angle x = 180° - 105° = 75°$

8 多角形の外角の和 P.18-19

1 ⋛答 5

3

5

2

360

2 ⋛答 $n-2$

n

2

360

3 ⋛答 (1) 360°

(2) 45°

(3) 正二十角形

> **考え方**
> (1) n 角形の外角の和は360°である。
> (2) (外角の和)÷8 より,
> $360° \div 8 = 45°$
> (3) 求める正多角形を正 n 角形とする
> と, 1つの外角の大きさが18°だか
> ら,
> $18° \times n = 360°$, $n=20$

4 ⋛答 (1) $\angle x \cdots 100°$

(2) $\angle x \cdots 80°$

(3) $\angle x \cdots 75°$

(4) $\angle x \cdots 60°$

> **考え方**
> (1) 多角形の外角の和は360°だから,
> $\angle x = 360° - (90° + 105° + 65°)$
> $\qquad = 100°$
> (2) $\angle x = 360° - (80° + 70° + 70° + 60°)$
> $\qquad = 80°$
> (3) $180° - 60° = 120°$
> $\angle x = 360° - (110° + 55° + 120°)$
> $\qquad = 75°$
> (4) $180° - 80° = 100°$
> $180° - 110° = 70°$
> $\angle x = 360° - (40° + 100° + 40°$
> $\qquad\qquad\qquad + 50° + 70°)$
> $\qquad = 60°$

1 ⋛答 (1) ∠x…65°
　　　(2) ∠x…113°

考え方
(1) ∠x＝180°−80°−35°＝65°
(2) ∠x＝55°＋58°＝113°

2 ⋛答 (1) ∠x…75°　(2) ∠x…130°
　　　(3) ∠x…52°　　　(4) ∠x…75°

考え方
(2) ∠x＝180°−50°＝130°
(3) ∠x＝102°−50°＝52°
(4) ∠x＝40°＋35°＝75°

3 ⋛答 (1) 360°
　　　(2) 1440°
　　　(3) 144°
　　　(4) 正十八角形

考え方
(2) 180°×(10−2)＝1440°
(3) (十角形の内角の和)÷10 より，
　　1440°÷10＝144°
(4) この正多角形の1つの外角の大き
　　さは，180°−160°＝20° だから，
　　360°÷20°＝18

4 ⋛答 (1) ∠x…86°
　　　　　 ∠y…43°
　　　(2) ∠x…88°
　　　　　 ∠y…122°
　　　(3) ∠x…64°
　　　　　 ∠y…24°
　　　(4) ∠x…143°
　　　　　 ∠y…80°

考え方
(1) 43°＋∠y＝50°＋36°，∠y＝43°
(2) ∠x＝58°＋30°＝88°
　　∠x＋34°＝∠y
　　∠y＝88°＋34°＝122°
(3) 40°＋∠y＝64°，∠y＝24°
(4) AE∥CDなので，
　　∠y＝180°−100°＝80°
　　∠x は五角形の内角の和から求める。
　　∠x＝540°−(100°＋90°
　　　　　　　＋127°＋80°)＝143°

1 ⋛答 (1) ∠x…90°
　　　　　 ∠y…50°
　　　(2) ∠x…60°
　　　　　 ∠y…120°
　　　(3) ∠x…80°
　　　　　 ∠y…40°
　　　(4) ∠x…95°
　　　　　 ∠y…140°

考え方
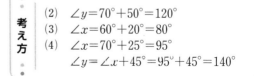
(2) ∠y＝70°＋50°＝120°
(3) ∠x＝60°＋20°＝80°
(4) ∠x＝70°＋25°＝95°
　　∠y＝∠x＋45°＝95°＋45°＝140°

2 ⋛答 (1) 900°
　　　(2) 360°
　　　(3) 108°

考え方
(3) (五角形の内角の和)÷5 より，
　　540°÷5＝108°

3 ⋛答 (1) ∠x…35°
　　　　　 ∠y…145°
　　　(2) ∠x…80°
　　　　　 ∠y…30°
　　　(3) ∠x…150°
　　　　　 ∠y…40°
　　　(4) ∠x…90°
　　　　　 ∠y…60°

考え方
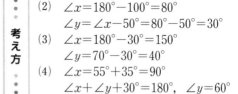
(2) ∠x＝180°−100°＝80°
　　∠y＝∠x−50°＝80°−50°＝30°
(3) ∠x＝180°−30°＝150°
　　∠y＝70°−30°＝40°
(4) ∠x＝55°＋35°＝90°
　　∠x＋∠y＋30°＝180°，∠y＝60°

4 ⋛答 (1) ∠x…80°
　　　(2) ∠x…25°

考え方
(1) 五角形の内角の和は，
　　180°×(5−2)＝540°
　　∠x＝540°−(100°＋110°＋120°
　　　　　　　＋130°)＝80°
(2) 本文P.15の**5**のように補助線を
　　ひいて考える。130°−35°＝95°
　　∠x＝95°−70°＝25°

11 合同

1 答 (1) P　　Q　　R
　　(2) PQR
　　(3) PQ　　QR
　　(4) QPR　　PQR

2 答 (1) 辺PQ
　　(2) 辺RS
　　(3) ∠SPQ
　　(4) ∠QRS

3 答 (1) △ABC≡△DEF
　　(2) 辺DF
　　(3) 辺AB
　　(4) 辺CA
　　(5) ∠DFE
　　(6) 40°
　　(7) 50°

> 考え方
> (6) ∠EDFと∠BACが対応している。
> (7) ∠DEFと∠ABCが対応している。

4 答 (1) 辺PQ
　　(2) 3.7cm
　　(3) 3.3cm
　　(4) 4.8cm
　　(5) 130°
　　(6) 80°
　　(7) 80°

> 考え方
> (2) 辺ADと辺PSが対応している。
> (3) 辺CDと辺RSが対応している。
> (4) 辺QRと辺BCが対応している。
> (5) ∠Aと∠Pが対応している。
> (6) ∠Rと∠Cが対応している。
> (7) ∠D＝360°－(130°＋70°＋80°)
> 　　＝80°

12 三角形の合同条件　P.26-27

1 答 (1) 辺や角の関係…AB＝A′B′
　　　　　　　　　　　　BC＝B′C′
　　　　　　　　　　　　∠B＝∠B′
　　合同条件…2組の辺とその間の角が
　　　　　　　それぞれ等しい。

(2) 辺や角の関係…AB＝A′B′
　　　　　　　　　　BC＝B′C′
　　　　　　　　　　CA＝C′A′
　合同条件…3組の辺がそれぞれ等し
　　い。

(3) 辺や角の関係…BC＝B′C′
　　　　　　　　　　∠B＝∠B′
　　　　　　　　　　∠C＝∠C′
　合同条件…1組の辺とその両端の角
　　がそれぞれ等しい。

> 考え方
> 三角形の合同条件は，
> ①3組の辺がそれぞれ等しい。
> ②2組の辺とその間の角がそれぞれ等
> 　しい。
> ③1組の辺とその両端の角がそれぞれ
> 　等しい。

2 答 (1) 2組の辺とその間の角がそれぞ
　　れ等しい。
　　(2) 3組の辺がそれぞれ等しい。

3 答 △ABC≡△NMO
　……2組の辺とその間の角がそれぞれ等
　　しい。
　△DEF≡△QPR
　……3組の辺がそれぞれ等しい。
　△GHI≡△JKL
　……1組の辺とその両端の角がそれぞれ
　　等しい。

4 答 AC＝DF ｜順不同
　　∠B＝∠E ｜

> 考え方
> 2組の辺がそれぞれ等しいから，
> AC＝DF と ∠B＝∠E に注目する。

5 答 AC　　AE
　A
　2組の辺とその間の角がそれぞれ等しい

> 考え方
> AB＝AE＋EB＝8cm
> AC＝AD＋DC＝8cm
> より，AB＝AC がいえる。

7

13 仮定と結論　P.28-29

1 ⮞答 (1)　仮定…$2x-1=3$
結論…$x=2$

(2)　仮定…△ABCと△DEFが合同である
結論…△ABCと△DEFの面積は等しい

(3)　仮定…$a>b$
結論…$a-c>b-c$

2 ⮞答 (1)　仮定…△ABC≡△DEF
結論…AB＝DE

(2)　仮定…$a=b$
結論…$ac=bc$

(3)　仮定…BC＝EF　CA＝FD（順不同）
結論…△ABC≡△DEF

3 ⮞答 (1)　AB＝AD，BC＝DC

(2)　△ABC≡△ADC

(3)　AD　　DC
AC
3組の辺がそれぞれ等しい

4 ⮞答 (1)　仮定…AB∥CD，AE＝DE
結論…△ABE≡△DCE

(2)　ア…a
イ…b
ウ…c
エ…d

> 考え方
> (1)　「～ならば，…である。」という形の文において，「～」の部分を仮定，「…」の部分を結論という。
> (2)　ア…AE＝DE は「～ならば」の「～」にふくまれている。
> イ…AB∥CD を用いる。
> エ…三角形の合同条件の1つの「1組の辺とその両端の角がそれぞれ等しい」という条件にあてはまる。

14 三角形の合同の証明①　P.30-31

1 ⮞答 AB＝CD
OC
OD
COB
2組の辺とその間の角
COB

> 考え方
> AB＝CD，OA＝OC より，
> AB－AO＝CD－CO
> よって，OD＝OB となる。

2 ⮞答 (1)　∠AME＝∠BMF

(2)　1組の辺とその両端の角がそれぞれ等しい

> 考え方
> (1)　△AME≡△BMF を証明するには，2つの条件以外に AE＝BF または ∠AME＝∠BMF が成り立てばよい。対頂角が等しいことから，∠AME＝∠BMF がいえる。

3 ⮞答 OD＝OB
△AOD≡△COB
OD　　OB
CBO
COB
1組の辺とその両端の角
AOD　　COB

4 ⮞答 ∠AOB＝∠COD
COD
AB　　　CD
OA　　　OC ｜順不同
OB　　　OD
3組の辺
AOB　　COD
AOB　　COD

> 考え方
> 4点A，B，C，Dが円Oの周上にあるということは，円の中心Oと各点との距離がすべて等しいことを表している。
> また，三角形の合同を証明するときには，合同条件の3つのうち，どれが成り立つかを考える。

1 ≒答 ADB

AD

BC   BD

AB

3組の辺

ACB   ADB

2 ≒答 DOB

円の半径

OA   OD ⎫
           ⎬ 順不同
OC   OB ⎭

AOC   DOB

2組の辺とその間の角

AOC   DOB

AC   DB

> **考え方**　線分AB，CDが円Oの直径であるとき，中心Oから点A，B，C，Dまでの距離はそれぞれ等しい。

3 ≒答 COB

AD   CB

OAD   OCB ⎫
             ⎬ 順不同
ODA   OBC ⎭

1組の辺とその両端の角

AOD   COB

> **考え方**　AD∥BC から，錯角である角を2組みつける。

4 ≒答 △AMEと△BMFにおいて，

仮定より，

AM＝BM   ……①

∠EAM＝∠FBM（＝90°）……②

対頂角は等しいから，

∠AME＝∠BMF   ……③

①，②，③より，1組の辺とその両端の角がそれぞれ等しいから，

△AME≡△BMF

> **考え方**　点Mは辺ABの中点であるという仮定から，AM＝BM，正方形ABCDの4つの角が等しいことから，∠EAM＝∠FBMがいえる。
> また，∠AMEと∠BMFは対頂角で等しい。

1 ≒答 (1) 合同な三角形…△AOD≡△BOC

合同条件…2組の辺とその間の角がそれぞれ等しい

(2) 合同な三角形…△ABD≡△ACD

合同条件…3組の辺がそれぞれ等しい

2 ≒答 (1) 辺DF

(2) 辺AB

(3) 辺BC

(4) ∠DEF

(5) 90°

(6) 40°

> **考え方**　(5) ∠EDFは∠BACと対応するから，角の大きさは等しい。
> (6) ∠DFE
> 　＝∠ACB
> 　＝180°－（90°＋50°）
> 　＝40°

3 ≒答 BOC

AOC   BOC

OA   OB

OC

2組の辺とその間の角

AOC   BOC

AC   BC

4 ≒答 △PAMと△PBMにおいて，

仮定より，

AM＝BM   ……①

∠AMP＝∠BMP（＝90°）……②

また，PMは共通   ……③

①，②，③より，2組の辺とその間の角がそれぞれ等しいから，

△PAM≡△PBM

> **考え方**　線分PMが線分ABの垂直二等分線であることより，
> AM＝BM，∠AMP＝∠BMP＝90°である。

1 ⋛答 (1) △DEF≡△KLJ （順不同）
(2) △GHI≡△NOM （順不同）
(3) △ABC≡△RQP （順不同）

2 ⋛答 (1) 仮定…△ABC≡△PQR
　　　　結論…∠B=∠Q
(2) 仮定…$a>0$, $b>0$
　　結論…$ab>0$
(3) 仮定…AB=CD, BC=DA
　　結論…△ABC≡△CDA

> 考え方 「～ならば…である。」という形の文では，～が仮定で，…が結論である。

3 ⋛答 (1) AD∥BC, AE=CE
(2) △AED≡△CEB
(3) △AEDと△CEBにおいて，
仮定より，
AE=CE　　　……①
AD∥BCより，錯角は等しいから，
∠DAE=∠BCE……②
対頂角は等しいから，
∠AED=∠CEB……③
①，②，③より，1組の辺とその両端
の角がそれぞれ等しいから，
△AED≡△CEB

> 考え方 (3) AD∥BCより，∠DAEと∠BCEは錯角で等しい。∠AEDと∠CEBは対頂角で等しい。

4 ⋛答 △BDPと△BDQにおいて，
仮定より，
∠PBD=∠QBD……①
BP=BQ　　　……②
また，BDは共通……③
①，②，③より，2組の辺とその間の角
がそれぞれ等しいから，
△BDP≡△BDQ

1 ⋛答 (1) ∠x…55°
(2) ∠x…90°

> 考え方 (2) 直線 ℓ と m に平行な補助線を2本ひく。

2 ⋛答 (1) ∠x…100°　　(2) ∠x…120°
(3) ∠x…100°　　(4) ∠x…109°

> 考え方
> (1) ∠x
> 　$=180°-(360°-120°-80°)÷2$
> 　$=100°$
> (2) 五角形の内角の和は540°だから，
> 残りの内角は，
> $540°-(90°+110°+40°+60°)=240°$,
> $360°-240°=120°$
> (3) AC=BCの二等辺三角形だから，
> ∠A=∠B
>
>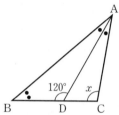
>
> 上の図の•にあたる角度を求める。
> ∠BAD=$(180°-120°)÷3=20°$
> ∠$x+20°=120°$, ∠$x=100°$
> (4) ∠xは頂点Aにおける外角の錯角
> なので，
> ∠$x=26°+83°=109°$

3 ⋛答 (1) 1800°
(2) 八角形
(3) 正十二角形

> 考え方
> (1) n角形は，1つの頂点からひいた
> 対角線によって，$(n-2)$個の三角形
> に分けられる。したがって，n角形
> の内角の和は，$180°×(n-2)$
> である。
> 　十二角形の内角の和は，
> $180°×(12-2)=1800°$
> (2) $1080÷180=6$, $6+2=8$
> だから，八角形である。
> (3) 1つの内角の大きさが150°のとき，
> その外角は，$180°-150°=30°$
> 多角形の外角の和は360°だから，
> $360÷30=12$より，正十二角形である。

④ ⧗答 (1)　OC

OB

O

2組の辺とその間の角

(2)　CDE

ECD

1組の辺とその両端の角

① ⧗答 (1)　6 cm

(2)　75°

(3)　30°

考え方

(2)　二等辺三角形の性質より，
　　　∠C＝∠B＝75°

(3)　∠A＝180°－75°×2
　　　＝180°－150°＝30°

② ⧗答 55

55

70

③ ⧗答 ∠x…180°－2a°

考え方

AB＝AC の二等辺三角形だから，
∠C＝∠B＝a°
∠x＝180°－a°×2＝180°－2a°

④ ⧗答 (1)　x＝8

(2)　x＝5

考え方

(1)　2つの角が等しいから，二等辺三角形である。

(2)　2つの辺が等しいから二等辺三角形である。また，3つの角がすべて60°となるから，正三角形である。
よって，x＝5

⑤ ⧗答 (1)　∠x…73°

(2)　∠x…80°

(3)　∠x…80°

(4)　∠x…2a°

考え方

(1)　∠x＝(180°－34°)÷2＝73°

(2)　∠x＝180°－50°×2
　　　＝180°－100°＝80°

(3)　∠ACB＝180°－130°
　　　　　＝50°
　　　∠x＝180°－50°×2＝80°

(4)　∠x＝180°－(180°－2a°)
　　　＝2a°
　　　三角形の1つの外角は，それととなりあわない2つの内角の和に等しい。

11

20

二等辺三角形② P.42-43

1 答 CAD

2組の辺とその間の角

2 答 ADC

180

90

CD

考え方 △ABDと△ACDの対応する角が等しいことを使う。

3 答 APB

PB

OB

3組の辺

BPO

BPO

APB

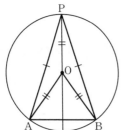

考え方 直線POが∠APBの二等分線であることをいうには，△APOと△BPOに着目して，この2つの三角形の合同を示す。

4 答 (1) 2つの辺

(2) 底角

(3) 二等分線

考え方 (2) **1**を参考にする。

(3) **2**を参考にする。

21

二等辺三角形になるための条件 P.44-45

1 答 CAD

ADC

1組の辺とその両端の角

ACD

AC

考え方 ∠Aの二等分線をひき，できた2つの三角形△ABDと△ACDの合同を示せば，対応する辺AB，ACは等しいことがいえる。

2 答 AC

BA

AC

考え方 正三角形を二等辺三角形とみて，二等辺三角形の性質を用いて証明するとよい。

3 答 錯角

PBA

PBA

考え方 2直線が平行ならば，錯角は等しいことから考える。

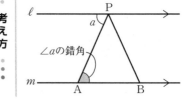

4 答 ACB

ACB

PCB

考え方 三角形の2つの角が等しければ，その三角形は，等しい2つの角を底角とする二等辺三角形である。
（二等辺三角形になるための条件）

22

定理の逆 P.46-47

1 答 (1) $a>5$ ならば，$a≧10$ である。

(2) 正の数 x，y で，

$y-x>0$ ならば，$x<y$ である。

考え方
□□□ならば，○○○

○○○ならば，□□□

2 $\gtrless$答 (1) △ABCと△DEFで，
　　∠A＝∠D，∠B＝∠E，∠C＝∠F
　　ならば，△ABC≡△DEF である。
　(2) ウ

考え方

(2) (1)で答えた逆が正しくないことを
示す図なので，(1)の仮定を正しく示
している図で，
△ABC≡△DEF でないものを選ぶ。
　ア，イは，(1)の仮定を正しく示し
ている図ではない。

3 $\gtrless$答 (1) （逆）△ABCと△DEFで
　　∠A＝∠D，AB＝DE，AC＝DF ならば，
　　△ABC≡△DEF である。　　○
　(2) （逆）自然数 a，b で，$a＋b$ が偶数
　　ならば，a も b も偶数である。　×
　（反例）
　　　$a＝3$，$b＝5$ など
　(3) （逆）自然数 x，y で，$2x＜3y$ なら
　　ば，$x≦y$ である。　　×
　（反例）
　　　$x＝4$，$y＝3$ など

23 正三角形　P.48-49

1 $\gtrless$答 (1) 　2つの辺
　(2) 　3つの辺
　(3) 　二等辺三角形
　(4) 　60

考え方

(1) 　二等辺三角形の定義である。
(2) 　正三角形の定義である。
(3) 　正三角形は，二等辺三角形の性質
をすべてもっている。

（二等辺三角形を囲む図，内側に正三角形）

(4) 　正三角形の性質である。

2 $\gtrless$答 C
　C

考え方

正三角形を二等辺三角形とみて，二
等辺三角形の性質を用いて証明すると
よい。

3 $\gtrless$答 QR
　APR
　BQ
　B
　PB
　2組の辺とその間の角
　BQP
　PQ
　QR

考え方

△APR≡△CRQ の証明
仮定より，
AP＝CR　　　　　……①
∠A＝∠C＝60°　　……②
また，RA＝CA－CR
　　　　QC＝BC－BQ
仮定より，CA＝BC
　　　　　　CR＝BQ
よって，RA＝QC ……③
①，②，③より，2組の辺とその間の
角がそれぞれ等しいから，
△APR≡△CRQ

24 直角三角形の合同① P.50-51

1 $\gtrless$答 (1) 　合同な三角形…㋔
　　　合同条件…直角三角形の斜辺と他の
　　　　　　　　1辺がそれぞれ等しい
　(2) 　合同な三角形…㋒
　　　合同条件……直角三角形の斜辺と1
　　　　　　　　つの鋭角がそれぞれ等
　　　　　　　　しい

考え方

図形を注意して見て，合同な直角三
角形をさがす。直角三角形の合同条件
では，必ず斜辺が等しいという条件が
ふくまれる。

2 $\gtrless$答 AC＝DF ⎫
　BC＝EF ⎬ 順不同
　∠A＝∠D ⎭
　∠B＝∠E

考え方

△ABCと△DEFは，
∠C＝∠F＝90°
より，直角三角形である。したがって，
直角三角形の合同条件にあてはまるよ
うに，残りの条件を求める。

3 ⇒答 BCD

CB

BD

直角三角形の斜辺と他の1辺

CBD

> 考え方
>
> 　△ABDと△CBDは，
> ∠A＝∠C＝90°
> より，直角三角形であるので，直角三角形の合同条件にあてはまるような角や辺の条件を示せばよい。

4 ⇒答 CEB

直角三角形の斜辺と1つの鋭角

BDC　　CEB

CE

> 考え方
>
> 　△BDCと△CEBは，
> ∠BDC＝∠CEB＝90°
> より，直角三角形である。2つの三角形の合同を示して，BD＝CE を導く。

25 直角三角形の合同② P.52-53

1 ⇒答 (1)　△COPと△DOP

(2)　直角三角形の斜辺と1つの鋭角がそれぞれ等しい

> 考え方
>
> (2)　△COPと△DOPは，
> ∠PCO＝∠PDO＝90°
> より，直角三角形である。
> 　また，POは共通
> ∠COP＝∠DOP　（仮定）
> より，2つの三角形の合同がいえた。

2 ⇒答 PDO

PD

PO

直角三角形の斜辺と他の1辺

DOP

DOP

> 考え方
>
> 　点Pが∠AOBの二等分線上にあるための条件は，∠COP＝∠DOP である。また，△COPと△DOPは，
> ∠PCO＝∠PDO＝90° の直角三角形である。

3 ⇒答 C

CD

BD

直角三角形の斜辺と他の1辺

CDB

CBD

BC

4 ⇒答 (1)　△AED

(2)　直角三角形の斜辺と1つの鋭角がそれぞれ等しい

(3)　45°

(4)　67.5°

(5)　45°

(6)　線分ED，線分EC

> 考え方
>
> (2)　△ABDと△AEDにおいて，
> ∠B＝∠AED＝90°，ADは共通
> ∠BAD＝∠EAD
> (3)　∠BAC＝(180°−90°)÷2＝45°
> (4)　∠BAD＝45°÷2＝22.5°
> ∠ADB＝180°−(90°＋22.5°)
> 　　　　＝67.5°
> (5)　∠EDC＝180°−67.5°×2＝45°

26 三角形のまとめ① P.54-55

1 ⇒答 (1)

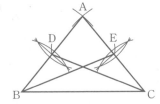

(2)　DCB

CE　　BD

ECB　　DBC

BC

2組の辺とその間の角

EBC　　DCB

> 考え方
>
> (1)　適当な長さの線分BCをひき，点B，Cを中心とする同じ半径の円をそれぞれかく。その交点をAとし，AとB，AとCをそれぞれ結ぶ。次に，線分ABの垂直二等分線をかき，辺ABとの交点をDとする。点Eについても同様にとれる。

14

2 ⇒答 (1) ∠*x*…42°

(2) ∠*x*…36°

考え方 (1) ∠*x*=∠C だから，
∠*x*=(180°−96°)÷2
=84°÷2=42°
(2) ∠B=∠C=72° だから，
∠*x*=180°−72°×2
=180°−144°=36°

3 ⇒答 CPB

AC　　BC

CQ　　CP

ACQ　　BCP

2 組の辺とその間の角

CQA　　CPB

AQ　　BP

4 ⇒答 CEB

BDC　　CEB

DCB　　EBC

BC

直角三角形の斜辺と 1 つの鋭角

BDC　　CEB

BD　　CE

27 三角形のまとめ② P.56-57

1 ⇒答 (1) 2 つの辺が等しい三角形を二等辺三角形という。

(2) 3 つの辺が等しい三角形を正三角形という。

(3) 直角三角形の斜辺と 1 つの鋭角がそれぞれ等しい。
直角三角形の斜辺と他の 1 辺がそれぞれ等しい。
（順不同）

(4) 底角
頂角の二等分線

2 ⇒答 ACE

AC

CE

B　　C （ABD　　ACE）

2 組の辺とその間の角

ABD　　ACE

AD　　AE

ADE

3 ⇒答 CBE

CB

BE

DBC

DBC

CBE

2 組の辺とその間の角

ABD　　CBE

AD　　CE

4 ⇒答 △BDC と△CEB において，
仮定より，
∠BDC＝∠CEB＝90° ……①
二等辺三角形の底角は等しいから，
∠DCB＝∠EBC　　　……②
BC は共通　　　　　　……③
①，②，③より，
直角三角形の斜辺と 1 つの鋭角がそれぞれ等しいから，
△BDC≡△CEB
よって，BD＝CE

考え方　別解として，△ABD と△ACE の合同より証明することもできる。

15

28 三角形のまとめ③

1 答 (1) ∠x…126°
　(2) ∠x…130°

考え方
(1) ∠x＝99°＋∠BAD
　∠BAD＝∠CAD＝∠ACD
　∠BAD＝(180°－99°)÷3
　　　　＝27°
　よって，∠x＝99°＋27°＝126°
(2) OA＝OB＝OC より
　△OAB，△OBC，△OCA は二等辺
　三角形である。
　∠OBC＝{180°－(30°＋35°)×2}
　　　　　　　　　　　　÷2＝25°
　よって，∠x＝180°－25°×2
　　　　　　　　＝130°

2 答 ACE
　AC
　AD
　DAC
　DAC
　2組の辺とその間の角
　ABD　　ACE
　BD　　CE

3 答 PON
　PNO　　90
　PO
　PON
　直角三角形の斜辺と1つの鋭角
　POM　　PON
　PM　　PN

4 答 △ABCにおいて，
　仮定より，∠A＝∠B であるから，
　△ABC は AB を底辺とする二等辺三角
　形である。
　よって，AC＝BC ……①
　また，∠B＝∠C であるから，同様にして，
　AB＝AC　　　　……②
　①，②より，
　AB＝BC＝AC
　よって，3つの辺が等しいから，△ABC
　は正三角形である。

29 平行四辺形①

1 答 (1) BC　　DC
　(2) BC　　DC
　BCD
　ADC
　CO　　DO

2 答 (1) x…6，y…4
　(2) x…4，y…5

考え方
(1) 2組の対辺はそれぞれ等しい（平
　行四辺形の性質①）ことを使う。
(2) 対角線はそれぞれの中点で交わる
　（平行四辺形の性質③）ことを使う。

3 答 (1) ∠x…75°，∠y…105°
　(2) ∠x…120°，∠y…60°
　(3) ∠x…50°，∠y…65°
　(4) ∠x…75°，∠y…60°

考え方
(2) ∠x＝∠A＝120°
　∠A＋∠y＝180° より
　∠y＝180°－120°＝60°
(3) AD∥BC より，錯角は等しい。
　よって，∠x＝∠ACB＝50°
　△ABCで，
　∠BAC＝180°－(65°＋50°)＝65°
　DC∥AB より，
　∠y＝∠BAC＝65°
(4) ∠ADB＝45°，∠y＝60°
　△ABDで，
　∠x＝180°－(60°＋45°)＝75°

4 答 (1) 2組の対辺がそれぞれ平行な四
　角形を平行四辺形という。
　(2) 辺…2組の対辺はそれぞれ等しい。
　　角…2組の対角はそれぞれ等しい。
　(3) 対角線はそれぞれの中点で交わる。

考え方
「対辺」を「向かいあう辺」，「対角」を
「向かいあう角」と表現することもある。
学校の教科書の表現をしっかり確認し
ておこう。

30 平行四辺形②　P.62-63

1 ≧答 DC　　AD
CDA
CAD
DCA
1組の辺とその両端の角
CDA
CD　　DA

2 ≧答 D
DCA　　CAD

3 ≧答 AB　　CD
ABO　　CDO
1組の辺とその両端の角
ABO　　CDO

> 考え方　AO＝CO，BO＝DO を導くために，
> △ABO≡△CDO を証明する。

4 ≧答 CDM
AB　　CD
B　　D （ABN　　CDM）
BC　　AD
BN　　DM
2組の辺とその間の角
ABN　　CDM

> 考え方　平行四辺形の性質①（2組の対辺はそれぞれ等しい），②（2組の対角はそれぞれ等しい）を使って，
> △ABN≡△CDM を示す。

31 平行四辺形③　P.64-65

1 ≧答 △ADF と △CBE において，
平行四辺形の対辺は等しいから，
AD＝CB　　　　　　　……①
平行四辺形の対角は等しいから，
∠D＝∠B　　　　　　……②
また，DF＝$\frac{1}{2}$DC，BE＝$\frac{1}{2}$AB
AB＝DC より，DF＝BE ……③
①，②，③より，2組の辺とその間の角
がそれぞれ等しいから，
△ADF≡△CBE

よって，AF＝CE

2 ≧答 AB　　CD
ABE　　CDF
BE　　DF
2組の辺とその間の角
ABE　　CDF
AE　　CF

3 ≧答 (1) （例）

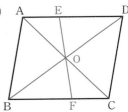

(2) AO　　CO
EAO　　FCO
AOE　　COF
1組の辺とその両端の角
AOE　　COF
EO　　FO

4 ≧答 △AOP と △COQ において，
平行四辺形の対角線はそれぞれの中点で
交わるから，
AO＝CO　　　　　……①
AB∥DC より，錯角は等しいから，
∠PAO＝∠QCO ……②
対頂角は等しいから，
∠AOP＝∠COQ ……③
①，②，③より，1組の辺とその両端の
角がそれぞれ等しいから，
△AOP≡△COQ
よって，PO＝QO

1 ⇒ 答 (1)　DC　⑤

(2)　∠C　　∠D　③

(3)　DC　　AD　②

(4)　DC　　BC　①

(5)　CO　　DO　④

> **考え方**
> 　使う条件は,
> ①　1組の対辺が平行でその長さが等しい。
> ②　2組の対角がそれぞれ等しい。
> ③　2組の対辺がそれぞれ等しい。
> ④　2組の対辺がそれぞれ平行である。
> ⑤　対角線がそれぞれの中点で交わる。

2 ⇒ 答 (1)　×

(2)　○

(3)　×

(4)　○

> **考え方**
> 　平行四辺形になるための条件①〜⑤のうち, どれが成り立つかを調べる。
> (1)　条件②が成り立つかどうか調べる。ABとDAは対辺にならない。
> (2)　条件⑤が成り立つ。
> (4)　条件④が成り立つ。

3 ⇒ 答 CDA

CD　　DA

AC

3組の辺

ABC　　CDA

DCA

CAD

4 ⇒ 答 CDA

BC　　DA

BCA　　DAC

2組の辺とその間の角

ABC　　CDA

BAC　　DCA

2組の対辺がそれぞれ平行である

1 ⇒ 答 CGF

CF

CG

GCF

2組の辺とその間の角

AEH　　CGF

GF

GDH

EF　　GH

2組の対辺がそれぞれ等しい

> **考え方**
> 　平行四辺形になるための条件の②「2組の対辺がそれぞれ等しい」を使う。そのために, △AEH と △CGF が合同であることと, △EBF と △GDH が合同であることを証明する。

2 ⇒ 答 (1)

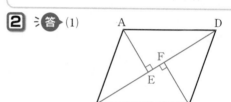

(2)　CDF

AB　　CD

AEB　　CFD

ABE　　CDF

直角三角形の斜辺と1つの鋭角

ABE　　CDF

CF

1組の対辺が平行でその長さが等しい

3 ⇒ 答 CO

EO　　FO

対角線がそれぞれの中点で交わる

㉞ 長方形　P.70-71

1 ⟩答 (1) 50°　　(2) 40°
(3) 5 cm

考え方
(2) ∠ADO＝∠DAO＝40°
(3) BO＝CO＝5cm

2 ⟩答 角
対角
平行四辺形
DCB
対角線

3 ⟩答 DC
DB
BC
3組の辺
DCB
DAB
角

4 ⟩答 (1) 180°　　(2) 90°
(3) 90°　　　(4) 長方形

考え方
(1) 四角形の内角の和は360°だから，
∠A＋∠B＋∠C＋∠D＝360°
平行四辺形の2組の対角はそれぞれ等しいから，
∠A＝∠C，∠B＝∠D
∠A＋∠B＋∠A＋∠B＝360°
よって，∠A＋∠B＝180°
(2) ∠EAB＋∠ABE
$=\dfrac{1}{2}∠DAB＋\dfrac{1}{2}∠ABC＝90°$
(3) ∠AEB
＝180°－(∠EAB＋∠ABE)
＝180°－90°＝90°
よって，∠HEF＝∠AEB＝90°
(4) ∠CBH＝∠ADF と
AD∥BC より，BH∥DF
同様に，AF∥CH だから，
四角形EFGHは平行四辺形である。
平行四辺形の対角は等しいから，
∠HEF＝∠FGH＝90°
また，△AFDに着目すると，
∠EFG＝90°＝∠GHE
よって，四角形EFGHは長方形である。

㉟ ひし形　P.72-73

1 ⟩答 (1) 5 cm
(2) 4 cm
(3) 90°

考え方
(1) ひし形は4辺の長さが等しいから，
AB＝BC＝CD＝DA となる。
(2) ひし形の対角線はそれぞれの中点で交わるから，BO＝DO，
AO＝CO となる。
(3) ひし形の対角線は垂直に交わるから，∠AOB＝90°と なる。

2 ⟩答 辺
対辺
平行四辺形
90
BD
対角線

考え方
ひし形の定義は，「4つの辺がすべて等しい四角形」である。
ひし形の性質は，「対角線は垂直に交わる」である。

3 ⟩答 AOD
DO
2組の辺とその間の角
AOD
AD

考え方
4つの辺がすべて等しいことをいう。
そのためには，△AOB と△AODが合同であることを示す。このことから，
AB＝AD がいえるから，平行四辺形の性質より，
AB＝BC＝CD＝DA がいえる。

4 ⟩答 AFD
AD
直角三角形の斜辺と1つの鋭角
ABE　　ADF
DF

考え方
△ABE と△ADF が合同であることを示して，BE＝DF をいう。

19

1 ⋛答 角　辺
対角線　垂直

考え方　正方形の定義は「4つの角がすべて等しく，4つの辺がすべて等しい四角形」である。正方形の性質は「対角線の長さが等しく，垂直に交わる」である。

2 ⋛答 (1) C，D

(2) B，D

(3) C，D

(4) 4つの辺がすべて等しく，4つの角がすべて等しい

考え方　長方形とひし形は，平行四辺形の特別なものであり，正方形は長方形の性質（4つの角がすべて等しく，対角線の長さが等しい。）と，ひし形の性質（4つの辺がすべて等しく，対角線は垂直に交わる。）の両方の性質をもつ四角形である。

3 ⋛答 (1) 90°

(2) 45°

(3) 3cm

考え方　(1) 正方形の対角線は垂直に交わるから，∠AOD＝90°
(2) △ABCは，AB＝BC の直角二等辺三角形であるから，
∠BAC＋∠BCA＝90° より，
∠BAO＝45°
(3) AC＝BD＝6cm，
AO＝CO＝3cm

4 ⋛答 DCE

DCE

DC

CE

BCF

BCE

2組の辺とその間の角

DCE

DE

1 ⋛答 (1) ⑦ ⎫
⎬順不同
(2) ⑦ ⎭

(3) ④ ⎫
⎬順不同
(4) ⊥ ⎭

2 ⋛答 (1) ⑦

(2) ④

(3) ⊥

(4) ⑦

3 ⋛答 (1) ひし形

(2) 平行四辺形

(3) 正方形

(4) 長方形

考え方　(1) ひし形の対角線は垂直に交わる。
(2) 平行四辺形の対角線はそれぞれの中点で交わる。
(3) 正方形は，対角線の長さが等しく，垂直に交わる。
(4) 長方形の対角線の長さは等しい。

4 ⋛答 (1) ○

(2) ×

(3) ×

(4) ○

(5) ○

(6) ×

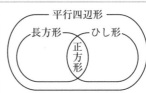

考え方　上の図より，(1)，(4)，(5)は正しい。
(2) 長方形の性質は，4つの角がすべて等しく，対角線の長さが等しい。ひし形はこれらの性質をもっていない。
(3) 長方形に，「4つの辺の長さがすべて等しい」または，「対角線が垂直に交わる」の条件を加えないと正方形にならない。

1 ⇒答 (1) 40cm² (2) 8cm

(3) いえる

考え方

（三角形の面積）
$=\dfrac{1}{2}×$（底辺)×(高さ) である。

(3) △ABCと△PBCで，底辺をBCとすると，底辺が共通で，高さが等しいので，面積は等しい。

2 ⇒答 (1) 1：2 (2) 2：3

考え方

(1) ℓ∥m だから，線分BC，EFを底辺とみると，2つの三角形は高さが等しくなるので，面積の比は底辺の比に等しい。だから，
　△ABC：△DEF＝3：6
　　　　　　　＝1：2

(2) (1)と同様に考える。

3 ⇒答 (1) △DBC (2) △ACD

(3) △DCO

考え方

(1) AD∥BC より，線分BCを底辺とみると，△ABCと△DBCの面積が等しい。(2)も同様に考える。

(3) △ABO＝△ABD－△AOD
　　△DCO＝△ACD－△AOD
　　これより，△ABO＝△DCO

4 ⇒答 2　3

2

16

5 ⇒答 (1) 12cm²

(2) 4cm²

(3) 8cm²

考え方

(1) AD＝CD より，
　　△BDA＝△BDC
　　よって，△BDC＝24÷2＝12(cm²)

(2) BE：EC＝1：2 より，
　　△BDE：△CDE＝1：2
　　△BDC＝12cm² より，
　　△BDE＝$12×\dfrac{1}{1+2}=4$(cm²)

1 ⇒答

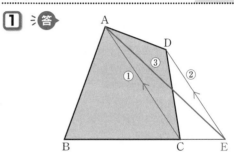

考え方

DE∥AC より，対角線ACを底辺とみると，△DAC＝△EAC
よって，四角形ABCD＝△ABE

2 ⇒答

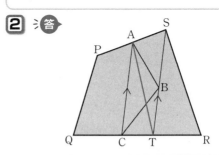

考え方

△ACBと同じ面積になる△ACTを考える。Tは線分ACを底辺とみて，高さが同じになる辺QR上の点である。
〈作図のしかた〉
　点AとCを結ぶ。点Bを通り線分ACに平行な直線をひき，辺QRとの交点をTとすれば，線分ATが求める直線である。

3 ⇒答 (1), (2)

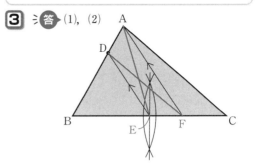

（1） 辺BCの中点をEとすると，線分
　　 AEは△ABCの面積を2等分する。
　　 辺BCの垂直二等分線をかき，辺BC
　　 との交点をEとする。

考え方

（2） 点DとEを結び，頂点Aを通り線分
　　 DEに平行な直線をひき，辺BCと
　　 の交点をFとする。
　　 AF∥DE より，
　　 △ADE＝△FDE から，
　　 △ABE＝△DBF
　　 よって，
　　 △DBF＝四角形ADFC

4 ⇒**答**

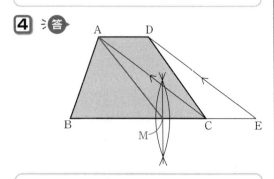

考え方

　　 まず，辺BCの延長上に点Eをとり，
△ABE＝台形ABCD となるようにす
る。
　　 次に，△ABE の辺BE の中点をM
とすれば，AMが求める線分である。
〈作図のしかた〉
　　 対角線AC をひく。点Dを通り線
分AC に平行な直線と辺BC の延長と
の交点をEとする。
　　 線分BE の垂直二等分線をかき，
BE との交点をMとする。

5 ⇒**答** DBE
　　 DBF
　　 DBF　　 AFD

考え方

　　 底辺が同じで，高さが等しい2つの
三角形は，面積が等しい。

---

40 平行線と面積③　P.82-83

1 ⇒**答**

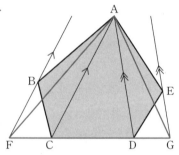

考え方

　　 対角線AC をひく。頂点Bを通り線
分AC に平行な直線をひき，直線CD
との交点をFとする。△ABCと△AFC
は，底辺が線分ACで，高さが等しい
ので，△ABC＝△AFC である。
　　 同様に，対角線AD をひき，頂点E
を通り線分AD に平行な直線をひき，
直線CD との交点Gを求める。五角
形ABCDE＝△AFG となる。

2 ⇒**答** AEC
　　 BFC
　　 AFC
　　 AEC
　　 DEC

考え方

　　 平行線に着目して，△DEC と面積
の等しい三角形をみつける。

3 ⇒**答** AB∥DC より，CPを底辺とすると，
　　 △BCP＝△ACP ……①
　　 AD∥BC より，CQを底辺とすると，
　　 △ACQ＝△DCQ ……②
　　 ここで，△DPQ＝△DCQ－△PCQ
　　 　　　　　△ACP＝△ACQ－△PCQ
　　 ②より，△DPQ＝△ACP ……③
　　 ①，③より，△BCP＝△DPQ

4 ⇒**答** PCM
　　 PAK
　　 PAK
　　 PDN
　　 PNDK　　 PAK
　　 25　　 30

1 答 (1) $a\cdots6$　　$b\cdots5$　　$\angle x\cdots65°$
　　 (2) $c\cdots6$　　$\angle y\cdots60°$　　$\angle z\cdots120°$

考え方
(1) 平行四辺形の「2組の対辺はそれぞれ等しい」，「対角線はそれぞれの中点で交わる」を使って求める。
　　また，$\angle B+\angle C=180°$ より，
　　$\angle x=180°-(50°+65°)=65°$ となる。
　　(2)も同様に考える。

2 答 (1) $\angle B=\angle D$
　　 (2) $BO=DO$
　　 (3) $\left.\begin{array}{l}AD=BC\\AB/\!/DC\end{array}\right\}$ 順不同
　　 (4) $\left.\begin{array}{l}AD=BC\\AB/\!/DC\end{array}\right\}$ 順不同

考え方
(3)，(4)は2通りの条件が考えられる。

3 答 (1) 長方形
　　 (2) ひし形

4 答 (1) $35°$
　　 (2) $10\,cm$
　　 (3) $45°$

考え方
(1) 長方形は対角線の長さが等しいから，$\triangle OAD$ は $OA=OD$ の二等辺三角形となる。

5 答 ADF
　　 BE　　DF
　　 AB　　AD
　　 ABE　　ADF
　　 AE　　AF

6 答 (1) $\triangle DBC$
　　 (2) $\triangle ABD$
　　 (3) $14\,cm^2$

考え方
(3) $\triangle ACD=\triangle ABD$ だから，
　　台形ABCDの面積
　　$=\triangle ABC+\triangle ACD$
　　$=\triangle ABC+\triangle ABD$
　　$=8+6=14(cm^2)$

---

1 答 (1) 対辺
　　 (2) ①対辺
　　　　 ②対辺 ⎱
　　　　 ③対角 ⎰ 順不同
　　　　 ④対角線　⑤平行
　　 (3) 角
　　 (4) 辺
　　 (5) 対角線
　　 (6) 対角線
　　 (7) 角

2 答 (1) $\dfrac{1}{4}$　　 (2) $\dfrac{1}{8}$

考え方
(1) $\triangle PBD=\dfrac{1}{2}\times\triangle ABD$
　　 $\triangle ABD=\dfrac{1}{2}\times\square ABCD$
　　 よって，$\triangle PBD=\dfrac{1}{4}\times\square ABCD$
(2) 線分 AC と QR の交点を O とすると，$QO=RO$ となり，
　　 $\triangle AOR=\dfrac{1}{2}\times\triangle AQR$
　　 $\triangle AQR=\dfrac{1}{4}\times\square ABCD$
　　 よって，$\triangle AOR=\dfrac{1}{8}\times\square ABCD$

3 答 DCE
　　 DCE
　　 DC
　　 CE
　　 2組の辺とその間の角
　　 BCG　　DCE
　　 BG　　DE

4 答 $\triangle ABP$ と $\triangle CDQ$ において，
　　 仮定より，
　　 $\angle APB=\angle CQD=90°$ ……①
　　 平行四辺形の対辺は等しいから，
　　 $AB=CD$ 　　　　 ……②
　　 $AB/\!/DC$ より，錯角は等しいから，
　　 $\angle ABP=\angle CDQ$ 　　 ……③
　　 ①，②，③より，直角三角形の斜辺と1つの鋭角がそれぞれ等しいから，
　　 $\triangle ABP\equiv\triangle CDQ$

よって，AP＝CQ　　　……④

∠APQ＝∠CQP＝90°より，

錯角が等しいから，AP∥CQ ……⑤

④，⑤より，1組の対辺が平行でその長さが等しいから，四角形APCQは平行四辺形である。

４３ 四角形のまとめ③ P.88-89

1 ⟩答 (1) ∠x…85°　(2) ∠x…65°

考え方
(1) ∠ADC＝180°−110°＝70°
　　∠x＝180°−(25°+70°)＝85°
(2) ∠DCB＝∠BAD
　　＝180°−(30°+75°)＝75°
　　∠x＝180°−65°−(75°−25°)
　　　＝65°

2 ⟩答 (1) 長方形　(2) 正方形

3 ⟩答 (1) 108°　(2) 72°

考え方
(1) ∠A＝180°×$\frac{3}{5}$＝108°

　　平行四辺形の対角は等しいので，
　　∠C＝∠A＝108°
(2) ∠B＝180°×$\frac{2}{5}$＝72°

　　∠D＝∠B＝72°

4 ⟩答 四角形AQCP

AP　　QC

PD$\left(\frac{1}{2}AD\right)$　　BQ$\left(\frac{1}{2}BC\right)$

AP　　QC

1組の対辺が平行でその長さが等しい
四角形AQCP

5 ⟩答 点Qから辺ABに平行な直線をひき，辺BCとの交点をRとすると，四角形PBRQは平行四辺形である。

△APQと△QRCにおいて，

AP＝PB，PB＝QRだから，

AP＝QR　　　　　　　……①

AB∥QRで，同位角は等しいから，

∠PAQ＝∠RQC　　　　……②

∠PBR＝∠QRC

PQ∥BCで，同位角は等しいから，

∠APQ＝∠PBR

よって，∠APQ＝∠QRC ……③

①，②，③より，1組の辺とその両端の角がそれぞれ等しいから，

△APQ≡△QRC

よって，AQ＝QC

４４ 三角形と四角形のまとめ P.90-91

1 ⟩答 (1) 40°，70°，100°
　　(2) 50°，90°

考え方
(1) ∠A＝∠B，∠B＝∠C，
　　∠A＝∠Cの3通りある。
　　　∠A＝∠Bのとき，∠B＝40°
　　　∠B＝∠Cのとき，∠B＝70°
　　　∠A＝∠Cのとき，∠B＝100°
(2) ∠Bが直角になるときと，∠Cが直角になるときがある。

2 ⟩答 (1) ひし形，平行四辺形
　　(2) 長方形，平行四辺形

3 ⟩答 底角

ACB

ABC

ACB

DCB

2つの角

4 ⟩答 △ACFと△ECBにおいて，

仮定より，

AC＝EC　　　　　　　……①

CF＝CB　　　　　　　……②

正方形の性質より，

∠ACF＝∠ECB＝90°……③

①，②，③より，2組の辺とその間の角がそれぞれ等しいから，

△ACF≡△ECB

よって，AF＝EB

5 ⊃答 △ABEと△ADFにおいて，

仮定より，

∠AEB＝∠AFD＝90° ……①

AE＝AF ……②

∠BAE＝180°－(∠B＋∠AEB)

∠DAF＝180°－(∠D＋∠AFD)

平行四辺形の対角は等しいから，

∠B＝∠D より，

∠BAE＝∠DAF ……③

①，②，③より，1 組の辺とその両端の角がそれぞれ等しいから，

△ABE≡△ADF

よって，AB＝AD

平行四辺形のとなりあう 2 辺の長さが等しいから，平行四辺形 ABCD はひし形である。

> **考え方**
>
> 　平行四辺形 ABCD がひし形であることを証明するには，となりあう 2 辺の長さが等しいことをいえばよい。平行四辺形は対辺(向かいあう辺)の長さが等しいから，となりあう辺の長さも等しくなれば，4 つの辺の長さがすべて等しくなる。
>
> 　ここでは，AB＝AD をいうために，この 2 辺を辺にもつ 2 つの三角形，△ABE と△ADF の合同を証明すればよい。

45 確率①

P.92-93

1 ⊃答 (1)　A…0.540

B…0.495

C…0.505

D…0.500

(2)　0.500

> **考え方**
>
> (1)　表が出た割合(相対度数)
>
> $=\dfrac{表が出た回数}{投げた回数}$
>
> だから，Aは，$\dfrac{54}{100}＝0.540$
>
> 　B，C，D も同様にして求める。

2 ⊃答 (1)　$\dfrac{1}{2}$

(2)　$\dfrac{1}{6}$

3 ⊃答 (1)　5 通り

(2)　$\dfrac{1}{5}$

(3)　$\dfrac{1}{5}$

> **考え方**
>
> (1)　赤玉，青玉，黄玉，白玉，黒玉の 5 通りある。

4 ⊃答 (1)　6 通り

(2)　3 通り

(3)　$\dfrac{1}{2}$

(4)　2 通り

(5)　$\dfrac{1}{3}$

> **考え方**
>
> (1)　すべての目は，1，2，3，4，5，6 の 6 通りある。
>
> (2)　偶数の目は，2, 4, 6 の 3 通りある。
>
> (3)　偶数の目が出る確率は，
>
> $\dfrac{3}{6}＝\dfrac{1}{2}$
>
> (4)　3 の倍数の目は，3，6 の 2 通りある。
>
> (5)　3 の倍数の目が出る確率は，
>
> $\dfrac{2}{6}＝\dfrac{1}{3}$

1 ⋛答 (1) $\dfrac{1}{3}$

(2) $\dfrac{1}{2}$

(3) 1

(4) 0

考え方 (4) さいころの目だから，6より大きい数の目はない。したがって，求める確率は0である。

2 ⋛答 (1) $\dfrac{2}{3}$

(2) 1

(3) 0

3 ⋛答 0

1

0   1

4 ⋛答 (1) $\dfrac{1}{5}$

(2) $\dfrac{2}{5}$

(3) 1

5 ⋛答 (1) $\dfrac{3}{13}$

(2) $\dfrac{1}{4}$

(3) $\dfrac{2}{13}$

(4) 0

考え方 (1) 絵札の枚数は12枚である。
よって，絵札をひく確率は，
$\dfrac{12}{52}=\dfrac{3}{13}$

(3) 3のカードと7のカードの枚数は，それぞれ4枚ずつある。
よって，3または7のカードをひく確率は，$\dfrac{4\times2}{52}=\dfrac{2}{13}$

1 ⋛答 (1) 4

1

$\dfrac{1}{4}$

(2) 2

$\dfrac{1}{2}$

2 ⋛答 (1)

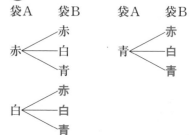

(2) 9通り

(3) $\dfrac{1}{9}$

(4) $\dfrac{2}{9}$

3 ⋛答 (1)

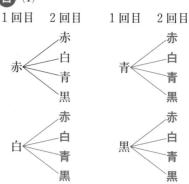

(2) 16通り

(3) $\dfrac{1}{16}$

(4) $\dfrac{1}{8}$

(5) $\dfrac{1}{4}$

④ 答 (1)

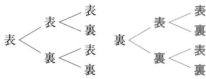

(2) 8通り

(3) $\dfrac{1}{8}$

(4) $\dfrac{1}{8}$

(5) $\dfrac{3}{8}$

48 確率④　P.98-99

1 答 (1)

1個目　2個目

赤 —— 白 / 青

白 —— 赤 / 青

青 —— 赤 / 白

(2) 6通り

(3) $\dfrac{1}{6}$

2 答 (1)

1個目　2個目

赤 —— 白 / 黒

白 —— 赤 / 黒

黒 —— 赤 / 白

(2) $\dfrac{1}{3}$

(3) （赤, 白）,（赤, 黒）,（白, 黒）

(4) $\dfrac{1}{3}$

3 答 (1) 1個目　2個目　1個目　2個目

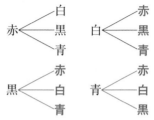

(2) 12通り

(3) $\dfrac{1}{6}$

(4) $\dfrac{1}{6}$

4 答 (1) 1個目 2個目 3個目　1個目 2個目 3個目

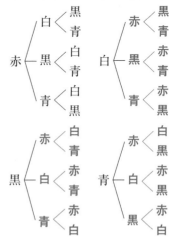

(2) 3　2　24

(3) 6通り

(4) $\dfrac{1}{4}$

(5) $\dfrac{1}{4}$

考え方

(3), (4)　取り出した玉が赤玉, 白玉, 青玉であるのは,

　赤 — 白 — 青
　赤 — 青 — 白
　白 — 赤 — 青
　白 — 青 — 赤
　青 — 赤 — 白
　青 — 白 — 赤

の6通りだから, その確率は,

$\dfrac{6}{24} = \dfrac{1}{4}$

P.100-101

考え方

(5) 取り出した玉が白玉，黒玉，青玉であるのは，

白 ― 黒 ― 青
白 ― 青 ― 黒
黒 ― 白 ― 青
黒 ― 青 ― 白
青 ― 白 ― 黒
青 ― 黒 ― 白

の6通りだから，その確率は，

$$\frac{6}{24}=\frac{1}{4}$$

49 確率⑤

1 答 (1) 36通り

(2) 6通り

(3) $\frac{1}{6}$

(4) $\frac{5}{6}$

2 答 (1)

A\B	1	2	3	4	5	6
1	2	3	4	5	6	7
2	3	4	5	6	7	8
3	4	5	6	7	8	9
4	5	6	7	8	9	10
5	6	7	8	9	10	11
6	7	8	9	10	11	12

(2) 5通り

(3) $\frac{5}{36}$

(4) $\frac{31}{36}$

考え方

(4) 8にならない確率＝1－(8になる確率)だから，求める確率は，

$$1-\frac{5}{36}=\frac{31}{36}$$

3 答 (1) $\frac{5}{18}$

(2) $\frac{2}{9}$

(3) $\frac{1}{6}$

目の差を表にすると，下のようになる。

	1	2	3	4	5	6
1	0	1	2	3	4	5
2	1	0	1	2	3	4
3	2	1	0	1	2	3
4	3	2	1	0	1	2
5	4	3	2	1	0	1
6	5	4	3	2	1	0

(1) 目の差が1になるのは10通りだから，求める確率は，$\frac{10}{36}=\frac{5}{18}$

4 答 (1) $\frac{1}{18}$

(2) $\frac{7}{36}$

(3) $\frac{1}{2}$

(4) $\frac{1}{2}$

	1	2	3	4	5	6
1	2	3	4	5	6	7
2	3	4	5	6	7	8
3	4	5	6	7	8	9
4	5	6	7	8	9	10
5	6	7	8	9	10	11
6	7	8	9	10	11	12

考え方

(1) $\frac{2}{36}=\frac{1}{18}$

(2) 5の倍数は，5，10で，5または10になるのは7通りある。

よって，求める確率は$\frac{7}{36}$

(3) 偶数は，2，4，6，8，10，12で，偶数になるのは18通りある。

よって，求める確率は，$\frac{18}{36}=\frac{1}{2}$

(4) $1-\frac{1}{2}=\frac{1}{2}$

確率⑥

1 答 (1)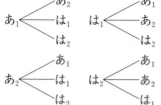

（2） 12通り

（3） $\frac{1}{6}$

（4） $\frac{2}{3}$

2 答 (1)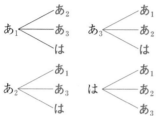

（2） $\frac{1}{2}$

（3） 0

（4） 1

3 答 (1)

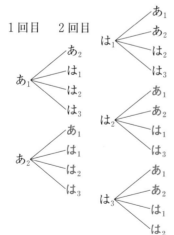

（2） $\frac{1}{10}$

（3） $\frac{3}{10}$

（4） $\frac{3}{5}$

4 答 (1)

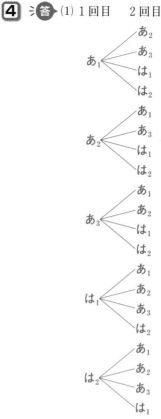

（2） $\frac{3}{10}$

（3） $\frac{1}{10}$

（4） $\frac{7}{10}$

 確率⑦

1 答 (1) 20通り

（2） $\frac{3}{10}$

（3） $\frac{1}{10}$

（4） $\frac{3}{5}$

2 答 (1)

し ──┬── あ₁
   ├── あ₂
   └── く

く ──┬── あ₁
   ├── あ₂
   └── し

(2) $\dfrac{1}{6}$

(3) $\dfrac{1}{3}$

(4) $\dfrac{5}{6}$

3 答 (1) $\dfrac{1}{10}$

(2) $\dfrac{3}{5}$

(3) $\dfrac{9}{10}$

考え方

樹形図にかくと次のようになる。

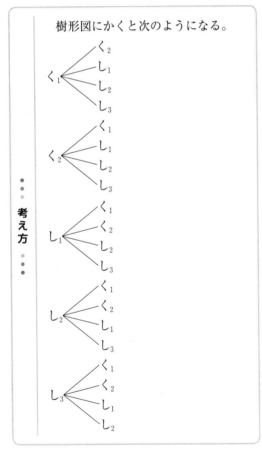

く₁ ──┬── く₂
    ├── し₁
    ├── し₂
    └── し₃

く₂ ──┬── く₁
    ├── し₁
    ├── し₂
    └── し₃

し₁ ──┬── く₁
    ├── く₂
    ├── し₂
    └── し₃

し₂ ──┬── く₁
    ├── く₂
    ├── し₁
    └── し₃

し₃ ──┬── く₁
    ├── く₂
    ├── し₁
    └── し₂

4 答 (1) 12通り

(2) 6通り

(3) $\dfrac{1}{2}$

(4) 6通り

(5) $\dfrac{1}{2}$

考え方

樹形図にかくと次のようになる。

班長　　副班長

②₁ ──┬── ②₂
    ├── ②₃
    └── ③

②₂ ──┬── ②₁
    ├── ②₃
    └── ③

②₃ ──┬── ②₁
    ├── ②₂
    └── ③

③ ──┬── ②₁
   ├── ②₂
   └── ②₃

52 確率⑧　　　P.106-107

1 答 (1) 12, 13, 14, 21, 23, 24, 31, 32, 34, 41, 42, 43

(2) 4つ

考え方 (2) 3の倍数は, 12, 21, 24, 42の4つある。

2 答 (1) 12通り

(2) $\dfrac{1}{2}$

(3) $\dfrac{1}{4}$

考え方 (2) 偶数は, 12, 14, 24, 32, 34, 42の6通りある。

(3) 20以下の整数は, 12, 13, 14の3通りある。

3 答 (1) 20通り

(2) $\dfrac{1}{10}$

考え方

(1) 2枚のカードの取り出し方は，全部で
(1, 2), (1, 3), (1, 4), (1, 5),
(2, 1), (2, 3), (2, 4), (2, 5),
(3, 1), (3, 2), (3, 4), (3, 5),
(4, 1), (4, 2), (4, 3), (4, 5),
(5, 1), (5, 2), (5, 3), (5, 4)
の20通りある。

④ 答 (1) $\dfrac{1}{2}$

(2) $\dfrac{5}{6}$

考え方

(1) 2枚のカードの取り出し方は，全部で
(1, 2), (1, 3), (1, 4), (2, 1),
(2, 3), (2, 4), (3, 1), (3, 2),
(3, 4), (4, 1), (4, 2), (4, 3)
の12通りある。
積が5以上になるのは，
(2, 3), (2, 4), (3, 2), (3, 4),
(4, 2), (4, 3)
の6通りある。

(2) 偶数になるのは，
(1, 2), (1, 4), (2, 1), (2, 3),
(2, 4), (3, 2), (3, 4), (4, 1),
(4, 2), (4, 3)の10通りある。

⑤ 答 (1) $\dfrac{2}{3}$

(2) $\dfrac{1}{4}$

考え方

(1) 2けたの整数は，全部で，
23, 24, 25, 32, 34, 35, 42, 43,
45, 52, 53, 54
の12通りある。このうち，32より大きくなるのは，34, 35, 42, 43, 45,
52, 53, 54の8通りだから，
求める確率は，$\dfrac{8}{12} = \dfrac{2}{3}$

⑥ 答 (1) 123, 124, 132, 134, 142, 143

(2) 24通り

(3) $\dfrac{3}{8}$

考え方

(3) 234より小さい3けたの整数は，(1)の6通りと，213, 214, 231の3通りをあわせた9通りあるから，
求める確率は，$\dfrac{9}{24} = \dfrac{3}{8}$

53 確率⑨ P.108-109

① 答 (1)

Aさん		Bさん	Cさん

あ ＜ は₁ — は₂
     は₂ — は₁
は₁ ＜ あ — は₂
     は₂ — あ
は₂ ＜ あ — は₁
     は₁ — あ

(2) $\dfrac{1}{3}$

(3) $\dfrac{1}{3}$

(4) $\dfrac{1}{3}$

(5) ない

② 答 (1) 6通り

(2) ない

③ 答 (1) 2枚の宝くじの当たる確率は，どちらも $\dfrac{1}{1000000}$ で等しいから，お父さんの考えが正しい。

(2) 変わらない

考え方

(2) 前回の「172903」が当たる確率は $\dfrac{1}{1000000}$ だった。今回の「172903」が当たる確率も $\dfrac{1}{1000000}$ である。

④ 答 (1) ×

(2) ○

(3) ○

(4) ×

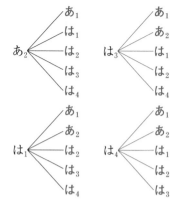

1 ▷答 (1) $\dfrac{1}{3}$　　(2) $\dfrac{2}{3}$

2 ▷答 (1) $\dfrac{1}{9}$　　(2) $\dfrac{1}{6}$

(3) $\dfrac{2}{9}$

考え方

(1), (2), (3)のそれぞれにあてはまるものは，下の表に，(1), (2), (3)として表した。

	1	2	3	4	5	6
1	(2)		(3)			
2		(2)		(3)		
3	(3)		(2)		(3)	(1)
4		(3)		(2)	(1)	(3)
5			(3)	(1)	(2)	
6				(1)	(3)	(2)

(2) $\dfrac{1}{15}$　　　(3) $\dfrac{2}{5}$

(4) $\dfrac{3}{5}$

5 ▷答 (1) $\dfrac{1}{6}$　　(2) $\dfrac{5}{6}$

3 ▷答 (1) $\dfrac{1}{8}$　　(2) $\dfrac{1}{8}$

(3) $\dfrac{3}{8}$

考え方

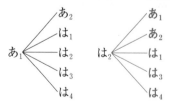

考え方

赤玉を「あ」，白玉を「し」，2個の黒玉を「く$_1$」，「く$_2$」で表すと，

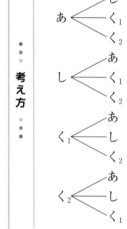

4 ▷答 (1) 1回目　2回目　1回目　2回目

6 ▷答 (1) 12通り　　(2) $\dfrac{1}{2}$

考え方

2けたの整数は，全部で，12, 13, 14, 21, 23, 24, 31, 32, 34, 41, 42, 43の12通りある。

1 ⋛答 (1) 3, 4, 5, 5, 6, 6, 7, 8, 10

   (2) 4.5点

   (3) 6点

   (4) 7.5点

   (5) 3点

考え方

(2) (1)の前半部分(3, 4, 5, 5)の中央値だから，$\frac{4+5}{2}=4.5$(点)

(4) (1)の後半部分 (6, 7, 8, 10) の中央値だから，$\frac{7+8}{2}=7.5$(点)

(5) $7.5-4.5=3$(点)

2 ⋛答 数学の小テスト

考え方

四分位範囲の大きい方が，散らばりの度合いが大きいといえる。

数学の小テストの四分位範囲は，**1**の(5)より3点である。

国語の小テストの四分位範囲は，$6-4=2$(点)

したがって，数学の小テストの方が散らばりの度合いが大きい。

3 ⋛答 (1) 2, 4, 5, 5, 6, 6, 7, 7, 8, 10

   (2) 5点

   (3) 6点

   (4) 7点

   (5) 2点

考え方

(2) (1)の前半部分 (2, 4, 5, 5, 6) の中央値だから，5点である。

(3) データ全体の中央値だから，$\frac{6+6}{2}=6$(点)

(4) (1)の後半部分(6, 7, 7, 8, 10)の中央値だから，7点である。

(5) $7-5=2$(点)

4 ⋛答 (1) 2年2組

   (2) 2年1組

考え方

(1) 2年1組の範囲は，$10-3=7$(点)

2年2組の範囲は，$10-2=8$(点)

範囲の大きい2年2組の方が散らばりの度合いが大きい。

(2) 2年1組の四分位範囲は，**1**の(5)より3点，2年2組の四分位範囲は，**3**の(5)より2点である。四分位範囲で比べると，2年1組の方が散らばりの度合いが大きい。

1 ⋛答 (1) 1時間

   (2) 12時間

   (3) 4時間

   (4) 6時間

   (5) 9時間

   (6) 11時間

   (7) 5時間

   (8)

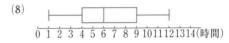

    0 1 2 3 4 5 6 7 8 9 10 11 12 13 14(時間)

考え方

家庭での学習時間を，下のように短い順に並べかえてから考える。

1, 2, 3, 4, 5, 5, 5, 6, 6, 7, 8, 9, 9, 10, 12

(3) 短い順に並べかえた前半部分 (1, 2, 3, 4, 5, 5, 5)の中央値だから，4時間である。

(4) 全体の中央値だから，6時間である。

(5) 短い順に並べかえた後半部分 (6, 7, 8, 9, 9, 10, 12)の中央値だから，9時間である。

(6) $12-1=11$(時間)

(7) $9-4=5$(時間)

33

2 ⹁答 (ア)…③

(イ)…②

(ウ)…①

考え方

(ア) 箱が真ん中にあり，左右に対称にひげが伸びているので，ヒストグラムは左右対称の山の形をした③である。

(イ) 箱が左に寄っているので，ヒストグラムは度数の高い階級が左に寄っている②である。

(ウ) 中央値は真ん中にあるが，中央値の位置から見て，箱の右側の部分が，左側の部分に比べて長いので，ヒストグラムは右の方にゆるやかに度数が低くなる形をしている①である。

3 ⹁答 (1) 15m以上20m未満の階級

(2) ③

考え方

(1) 記録の短い方から数えて16番目の生徒の記録と17番目の生徒の記録の平均値が中央値になる。

5m以上15m未満の記録の生徒は，3＋12＝15（人）なので，16番目，17番目の生徒は，ともに15m以上20m未満の記録となる。

よって，中央値も15m以上20m未満の階級に入る。

(2) 中央値は15m以上20m未満の階級に入るので，②は不適である。

また，第1四分位数は，記録が短い方から数えて8番目の生徒の記録と9番目の生徒の記録の平均値であるから，10m以上15m未満の階級に入る。

よって，適するのは③である。

1 ⹁答 (1) 6　12　21

(2) 0　33

(3) 33　15

考え方

(3) （範囲）＝（最大値）－（最小値）である。よって，33－0＝33（時間）

また，（四分位範囲）＝（第3四分位数）－（第1四分位数）である。

よって，21－6＝15（時間）

2 ⹁答 (1) 正しい

(2) 正しくない

(3) データからはよみとれない

考え方

(1) 1組と2組の記録で，もっとも高い生徒の記録は45kgなので，同じである。

(2) 四分位範囲がもっとも大きいのは2組で，36－21＝15（kg）である。

(3) 平均値は問題の箱ひげ図からはよみとれない。

3 ⹁答 (1) 1班…10点　　2班…7点

3班…7点

(2) 1班

(3) 1班…6点　　2班…4点

3班…2点

(4) 3班

(5) 1班と3班

(6) 第2四分位数（中央値）が6.5点だから，3班は6点以上をとった生徒が半分以上いることがよみとれる。

考え方

(1) （範囲）
＝（最大値）－（最小値）

(3) （四分位範囲）
＝（第3四分位数）－（第1四分位数）

1 ⋛答 (1) ①17.5m ②27℃
(2) ①19.5m ②29℃
(3) ①20.5m ②32℃
(4) ① 3 m ② 5 ℃

考え方

(1) いずれもデータの前半部分の中央値を求める。

①$\dfrac{17+18}{2}=17.5$(m)

②$\dfrac{26+28}{2}=27$(℃)

(2) データ全体の中央値を求める。

①$\dfrac{19+20}{2}=19.5$(m)

(3) いずれもデータの後半部分の中央値を求める。

①$\dfrac{20+21}{2}=20.5$(m)

②$\dfrac{31+33}{2}=32$(℃)

(4) ①$20.5-17.5=3$(m)

②$32-27=5$(℃)

2 ⋛答 ①

14 15 16 17 18 19 20 21 22 23 24 (m)

②

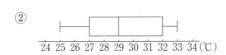

24 25 26 27 28 29 30 31 32 33 34 (℃)

考え方 箱ひげ図は，最小値，最大値，第1四分位数，第2四分位数，第3四分位数を利用してかく。

3 ⋛答 イ，エ，オ

考え方
ア 箱ひげ図から，生徒の人数はよみとれない。
イ 最高点は最大値になるので，95点とよみとれる。
ウ 75点は中央値であって平均点ではないので，よみとれない。

エ 最低点は最小値になるので，45点である。したがって，最高点と最低点との差は，95−45＝50（点）とよみとれる。
オ 中央値が75点になるので，A組の半分以上の生徒が，70点以上をとっていることはよみとれる。
　箱やひげの長さにまどわされないように気をつける。

4 ⋛答 (1) ×
(2) ×
(3) ○
(4) ○
(5) ○

考え方
(1) 平均値はわからない。1組，2組ともに，中央値が7時間である。
(2) 2組で，学習時間が7時間から11時間までの区間にいる人数と，5時間から7時間までの区間にいる人数は，ほとんど同じである。箱の長さと人数は関係ない。
(3) 1組も2組も中央値が7時間だから，どちらも半分以上の生徒が，6時間以上家庭で学習している。
(4) 範囲はどちらも8時間で同じだが，四分位範囲は1組が4時間，2組が6時間なので，2組の方が，学習時間の散らばりの度合いが大きいといえる。
(5) もっとも長い生徒の学習時間は，1組が10時間，2組が12時間だから，その差は2時間である。